知道不知道

宇宙爆炸前是一颗豌豆吗？

纸上魔方◎编著

重庆出版集团 重庆出版社

目 录
contents

你可不要把宇宙
想得深不可测哟！

夜晚，抬头仰望那黑色的天幕，你看到了什么？那个永远也看不到边的宇宙是不是给你带来了无限的遐想？宇宙到底是什么？它长什么样子？你知不知道它存在了多长时间啦？带着这份对宇宙探索的心，和我一起走进那并非深不可测的时空吧！

4

宇宙是什么？

把宇宙分开来说，"宇"是空间，"宙"是时间，宇宙包括各种物质以及物质所处的空间和描述物质运动的时间。

它是所有物质的总称，是空间和时间的统一。宇宙是物质世界，不依赖于人的意志而客观存在，并处于不断地运动和发展中。宇宙是既多样又统一的，它包括一切，是所有时间和空间的统一体，没有时间和空间就没有一切。

所以宇宙也就是天地万物的总称。宇宙中的各种星体千差万别，它们的大小、质量、密度、光度、温度、颜色、年龄和寿命都各不相同，天体形成的时间也不同，每一个天体都有它自己发生、发展和衰亡的历史，但是作为总体的宇宙来说，可是无始无终的哦！

宇宙长什么样子呀？

最开始的时候，人们认为太阳系就是整个宇宙，后来是银河系，现在我们知道宇宙比银河系要大很多倍。

5

有的人说宇宙是一种拥有比人类更高智慧的生物所制造出来的，或者是这种生物用电脑编出来的一个程序。也有人认为宇宙是一个像人这样一种生物的一个小细胞，我们就生活在这个小细胞中。

科学家推算宇宙是一个约有300亿光年直径的大圆球，但是这个直径只是包括我们已经观测到的宇宙，至于我们没有观测到的地方还有多大，那还是个秘密哦。

总地来说，宇宙很大，大得无边无际，我们就生活在这个无边无际的世界中，我们能观测到的宇宙，也只是整个宇宙的一小部分。

宇宙几岁了呀？

据科学家的研究，宇宙是从140亿年前发生的一次大爆炸中诞生的。

那个大爆炸让所有的物质向各方飞溅，宇宙空间就开始不断膨胀，温度也慢慢下降，那些星系、恒星和行星就是宇宙中的生命，它们就是在这种不断膨胀冷却的过程中逐渐形成的。

一直到现在，还没有任何人知道宇

宙爆炸前是个什么样子哦，据推测，宇宙就是在那次大爆炸的时候产生的，这样的话宇宙到现在约有140亿岁了呀！

专家又对这个时间做了相对精确的计算，得出了宇宙的实际年龄约为137.5亿岁。

猜猜看

星系是什么？

上面说，星系是宇宙中的生命，那星系到底是什么呢？

说到星系，我们也可以管它叫恒星系，它在宇宙中，就像星星们的"家"，许多离得很近、关系很好的星星生活在一起，就组成了一个星系，比如我们的地球就生活在银河系中。宇宙中有无数个这样的"家"，到现在为止，人们已在宇宙中观测到了约一千亿个星系。

星系的形状有很多种，最普通的就是我们最常见的那种椭圆星系，它就像宇宙中的"大号蚕茧"，有着椭圆形状的明亮外观；另外还有螺旋星系，这是个转起来的大圆盘的形状；还有些星系长得奇形怪状，但都很明亮、耀眼。

小朋友，在有星星的晚上，架起天文望远镜，去看一看星星美丽的"家"吧！

"砰"的一声响，
小宇宙诞生了！

真想在这无边无际的宇宙中飘浮，到它的各个角落去探寻关于它的故事，听说在很久很久以前，"砰"的一声，宇宙蛋炸开了，雾气弥漫，蛋清、蛋黄四散，小宇宙就诞生了，是这样的吗？它炸开后留下了什么痕迹吗？那它会不会越变越大，像烟花一样飘没呢？想知道吗？呵呵，一起去探望一下小宇宙吧！

宇宙是怎么形成的呀？

　　宇宙在最初的时候，像一个大火球，有那么一天，这个火球因为某些力量"砰"的一声炸开了，火球向四面八方分散去，就形成了宇宙。

　　这就是宇宙起源中的大爆炸理论的说法。

　　科学家们认为宇宙起源于约140亿年前的一次难以置信的大爆炸。这是我们想象不出来的能量大爆炸，炸开之后，宇宙便变得很大很大，它边缘的光想要到达地球也要花上120亿年到150亿年的时间。大爆炸之后，散出来的物质在太空中漂浮着。这些物质就是我们所知道的恒星组成的巨大的星系。

留下爆炸的痕迹了吗？

　　科学家们为什么会想到宇宙是爆炸形成的呢？这就要说到宇宙微波辐射了，它是一种来自宇宙空间的电磁波，十分稳定，而且等效于温度为3K的物体辐射的电磁波。这种辐射被认为是宇宙大爆炸后留下的痕迹。

这个宇宙微波给宇宙大爆炸理论提供了一条很了不起的证据。

宇宙还会变胖吗？

小朋友见过礼花在天空爆炸吧？漂亮的火花飞溅向四面八方。那个大爆炸后"火球"中的物质也会向外扩散，宇宙这样一天天地膨胀，才形成了现在我们所说的无边无际的宇宙。那这些物质还会向外扩散，宇宙还会变胖吗？

这个过程就是一种引力和斥力的战争了。爆炸产生的动力是一种斥力，它使宇宙中的天体你推我，我推你，不断地远离；但是天体之间又存在万有引力，它会阻止天体远离，甚至还会使劲儿让天体互相靠近。

不过，这个引力的大小与天体的质量有关，所以大爆炸后宇宙的最终归宿是不断膨胀，还是最终会停止膨胀，并反过来收缩变小，这完全取决于宇宙中物质质量的大小哟。

宇宙会消失吗？

科学家们发现，宇宙中除了我们所看到的物质之外，还有一些没有观测到的暗物质。所以我们就无法计算它与其他物质之间的引力和斥力，不过按现在科学家们的努力得出的结果来看，我

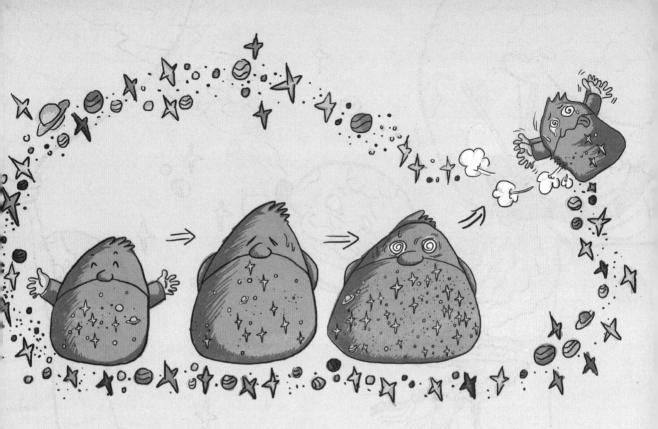

们的宇宙越胀越大的可能性更大。这样的话，整个宇宙便会越来越稀薄，所有的天体也会在膨胀中爆炸，就像吹气球一样破掉变成小的碎块，只有非常少量的微粒存在于广漠的空间，人类是绝对不可能存在于这样的状态中的。

当然，如果换一种情况，在膨胀中引力大于斥力的话，那么就会给宇宙的膨胀来一个急刹车，宇宙中的各个物质像"小磁铁"一样"啪啪啪"地撞到一起，即使不撞到一起，那宇宙也使劲儿地被压缩，密度非常非常大，人类如果能到这样的环境，会被压缩成密度更大的物质而死亡。最后宇宙会回到大爆炸之前。

呵呵，小朋友也不用害怕哟，这只是科学家们的推测，即使存在那也是很远很远的未来才会发生的哟！

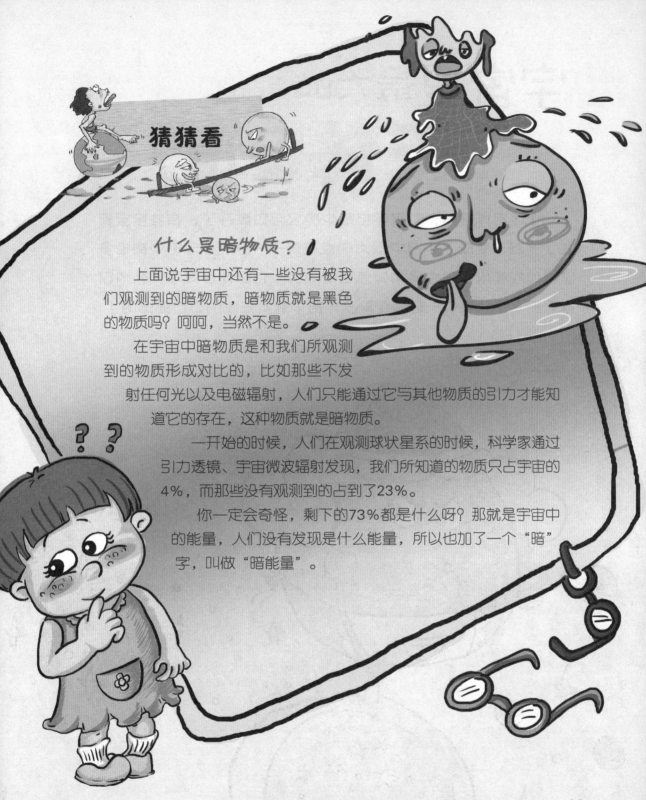

猜猜看

什么是暗物质？

上面说宇宙中还有一些没有被我们观测到的暗物质，暗物质就是黑色的物质吗？呵呵，当然不是。

在宇宙中暗物质是和我们所观测到的物质形成对比的，比如那些不发射任何光以及电磁辐射，人们只能通过它与其他物质的引力才能知道它的存在，这种物质就是暗物质。

一开始的时候，人们在观测球状星系的时候，科学家通过引力透镜、宇宙微波辐射发现，我们所知道的物质只占宇宙的4%，而那些没有观测到的占到了23%。

你一定会奇怪，剩下的73%都是什么呀？那就是宇宙中的能量，人们没有发现是什么能量，所以也加了一个"暗"字，叫做"暗能量"。

宇宙里最大的天体是谁?

小宇宙炸开后，原来宇宙蛋中的宝宝四散开了，有些宝宝聚在了一起，变成了宇宙中最大的家族群——星系！宇宙中有很多这样的家族呢！那它最初是怎么形成的？它是什么样子？我们可以看到吗？让我们一起去探寻这宇宙中最大天体的点点滴滴吧！

最开始星系是怎么形成的?

我们晚上仰望星空时,那白白的天河就是由许多颗星星组成的。在天文学中,我们把这种由千百亿颗恒星以及分布在它们之间的星际气体和宇宙尘埃等物质构成的天体叫做"星系",它占据了成千上万光年空间距离,是宇宙中最大、最美丽的天体。

宇宙在猛烈的爆炸中产生了,大量的物质被抛射到空间中,形成一团一团的"气体云"。这些气体云受到外力作用,本身的平衡就被打破了,它们聚集在一起形成了恒星。

这些恒星聚在一起的时候,因为引力的作用把很多物质聚到了自己的身边,这就形成了原始的星系。

我们能看到星系吗?

宇宙中的星系有很多很多,它的总数可能超过一千亿个,那

15

为什么我们只能看到白白的银河系呢?

因为其他的星系与我们距离太遥远了,所以它们看起来不像银河系那么壮丽,即使借助望远镜,它们看起来也只像朦胧的云雾。星系在太空中的分布并不是均匀的,它们往往聚集成团,少的三两成群,多的则成百上千个聚在一起。天文学家把超过 100 个星系的天体系统称为"星系团",100 个以下的称为"星系群"。

星系做运动吗?

你知道吗?在星系的内部,所有的物质因为力的作用都在运动,就像我们地球,它是银河系中的一个小星星,它每分每秒都在自转,而且每分每秒也在围着太阳转圈圈。那作为恒星的太阳也在运动吗?答对了,它也是在运动的,它一面绕着星系的核心旋转,与此同时还在一定的范围内随机地运动。

不仅是行星、恒星在做运动,连星系本身也在自转,整个星系也在空间中运动着呢。

星系有多少种呀?

人们通过各种各样的办法去观测星系,因为它们各种各样、各有各的特点,所以科学家们通过它们的形状把它们分成了三大类:椭圆星系、螺旋星系和不规则星系。

大部分的星系都是椭圆星系,许多椭圆星系相信是经由星系的交互作用,碰撞或是合并而产生的。它们可以长成极大的体积,而且巨大的椭圆星系经常出现在星系群的中心区域。螺旋星系，它像一个大圆盘，有一个巨大的螺旋臂。像恒星一样，螺旋臂也绕着中心旋转，它上面生活着许多明亮和年轻的恒星哟！我们的银河系就是螺旋星系呢！

不规则星系就没有那么规矩了，它没有明显的核心和旋臂，我们也不能轻易判断它内部的物质之间的力。

除此之外，还有透镜一样的旋涡星系、中心长棒形状的棒旋星系、小小的矮星系和神秘的活跃星系等，它们以自己的形式在宇宙中自由自在地生活着。

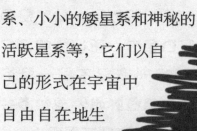

星云也是星系吗？

天文望远镜中那一团团的都是星系吗？呵呵，小朋友可不要将看上去和星系长得很像的星云看作星系哟。

星云是一种由星际空间中的气体和尘埃组成的云雾状天体。它里面的物质很稀薄，如果拿地球上的标准来衡量，有些地方几乎就是真空。星云的形状也是千姿百态的，有的像一团雾弥漫着，没有明确的边界，叫弥漫星云；有的星云像一个圆盘，淡淡发光，很像一个大行星，所以称为行星状星云。

现在你知道了吧，那些漂亮的星云和美丽的星系是两种不同的天体哟！

宇宙里是不是有一条"河"呀？

地球上有一条河，因为它的水是黄色的，所以人们都叫它黄河。宇宙里有一条"银河"，是不是因为它的水是白色的，所以才叫这个名字呢？银河到底是不是一条河呢？它里面住着鱼虾吗？想知道关于银河的故事，那就往下看吧！

银河到底是不是河?

从地面上看，夏天的夜晚星空有一条银白色的带状物，像一条银色的天河一样，中国古时候的人们就叫它银河。别看银河有个"河"字，但它并不是河。随着科技的进步，人们知道了那其实是由无数的星星组成的一个星系，所以就沿用银河的叫法，把它叫做银河系。这是由人来命名的，就像你的名字一样，一开始爸爸妈妈为你起了什么名字，以后大家就都这么叫你了。

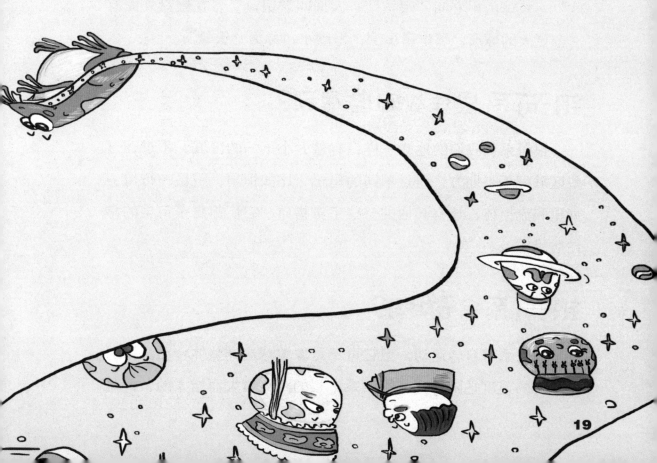

银河系长得和长丝带一样吗？

从地球上看，银河就像是挂在天上的一条长长的河。那么，银河系的形状是不是和白色的长丝带一样呢？当然不是。银河系的中心天体非常密集，所以鼓了起来，而边缘的星体和物质很少，所以银河系其实是扁的。

银河系啥样？

银河系非常大，它的形状好像铁饼，大多数的恒星集中在这个"铁饼"的空间范围内。"铁饼"中间突出的部分叫"核球"，核球的中心叫"银核"，四周叫"银盘"。在银盘外面有一个更大的球形，那里星星少，密度小，称为"银晕"。

银河系里住着哪些居民？

银河系和我们的地球一样，有着大小不一的区域。不过，这些区域可不是地方，而是不同的星星，比如恒星、卫星、行星、彗星和流星体，还有其他的一些宇宙物质，它们都是宇宙里的常住居民。

银河系会动吗？

银河系有自转运动，但它可不是像地球这样整体转动。银河系自转的速度是随着离开银河系中心的距离增大而增大的，但是到几十万光年之后就不再增加了，会一直保持不变。

　　你知道吗，包括太阳在内，所有的银河系星体都在围绕着银河中心旋转。因为银河系非常大，太阳系围绕着银河中心转一圈被称为一个银河年，一个银河年相当于地球上的2.5亿年呢！

猜猜看

1光年是多少年？

　　上面提到银河的直径大约有10万光年，那么10万光年是多远呢？

　　小朋友们记住了，"光年"虽然有个"年"字，但它可不是时间单位，而是天文学上计量天体距离的单位。光年，是指光在真空中一年内所走过的距离。距离＝速度×时间，光速约为每秒30万千米。所以啊，1光年约为94 605亿千米。那么，10万光年是多远呢？你自己来算一算吧！

银河系有个好邻居，名叫河外星系

　　俗话说"远亲不如近邻，近邻不如对门"，你有没有一个好邻居呢？我们居住的银河系可是有个好邻居的，它叫河外星系！咦？名字怎么那么奇怪？那我们的邻居长得什么样？离我们最近的邻居是谁？这些你知道吗？呵呵，不要急，一起去看看吧！

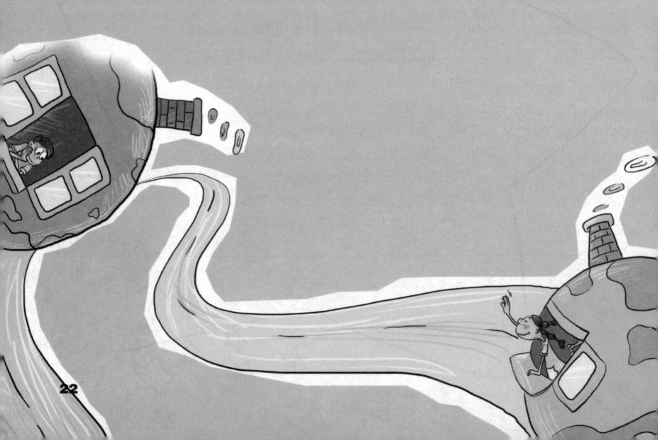

什么是河外星系？

在浩瀚的宇宙中，有那么多的星系，我们生活在一个普通的星系——银河系中，天文学上就把除银河系以外的其他星系都叫做河外星系。

河外星系和银河系一样，也是由大量的恒星、星团、星云和星际物质组成的，人们估计河外星系的总数在千亿个以上，它们如同辽阔海洋中分散在各处的星星的岛屿，故也被称为"宇宙岛"。

目前已发现大约10亿个河外星系。

邻居星云变成了星系？

是谁第一个发现了河外星系呢？那就是两百多年前法国的天文学家梅西耶哦！

初冬的夜晚，喜欢观测星空的人们可以在仙女座内用肉眼找到一个模糊的斑点，人们把它叫做仙女座大星云。

但是从1885年起，人们就在仙女座大星云里陆陆续续地发现了许多新星，所以推断出仙女座星云不是一团通常的、被动地反射光线的尘埃气体云，而是由许许多多恒星构成的系统，而且恒星的数目一定极大，这样才有可能在它们中间出现那么多的新星。

这些新星最亮时候的亮度和在银河系中找到的其他新星的亮度是一样的，就可以推断出那些新星离我们十分遥远，远远超出了银河系的范围。

直到1924年，美国天文学家哈勃用当时世界上最大的2.4米口径望远镜测出仙女座星云的准确距离，才证明它确实是在银河系之外，也像银河系一样，是一个巨大、独立的恒星集。

仙女座大星云才改名字叫"仙女星系"。

它可是离我们银河系最近的星系哟，可以说是我们的邻居。

与地球长得最像的邻居是谁？

10世纪阿拉伯人和15世纪葡萄牙人远航到赤道以南时，都曾注意到南天星空中这两个云雾状天体，当时人们把它们叫做"好望角云"。

葡萄牙航海家麦哲伦于1521年环球航行时，第一次对它们做了精确描述，后来就以他的姓氏命了名，大云叫"大麦哲伦云"，小云叫"小麦哲伦云"，合称为"麦哲伦云"。

后来人们证实了，它们并不是星云，而是真真正正的星系，所以这两个星系就成了与我们地球长得最像的好邻居。

因为"麦哲伦云"是离银河系最近的主要星系，与银河系的距离大约是16万光年，结构上也比较类似，不过它的质量只有银河系的1／20。"大麦哲伦云"号称是我们银河系的"卫星"，它是围绕银河系旋转的，旋转一周需要15亿年。

"小麦哲伦云"离银河系也比较近，因为它的体积更小，也许银河系很爱给它开玩笑，银河系的引力把它撕裂了，变成了现在花生似的样子。

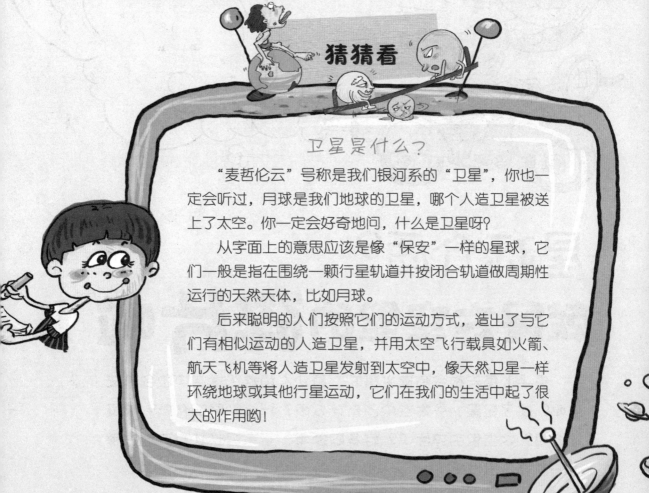

猜猜看

卫星是什么？

"麦哲伦云"号称是我们银河系的"卫星"，你也一定会听过，月球是我们地球的卫星，哪个人造卫星被送上了太空。你一定会好奇地问，什么是卫星呀？

从字面上的意思应该是像"保安"一样的星球，它们一般是指在围绕一颗行星轨道并按闭合轨道做周期性运行的天然天体，比如月球。

后来聪明的人们按照它们的运动方式，造出了与它们有相似运动的人造卫星，并用太空飞行载具如火箭、航天飞机等将人造卫星发射到太空中，像天然卫星一样环绕地球或其他行星运动，它们在我们的生活中起了很大的作用哟！

星际介质？
就是太空里的碎片啦！

　　桌子上每天都会有灰尘落下，真让人烦恼！太空中也会有灰尘吗？除了星星，外太空中还有什么呀？什么？星际介质？那是什么呀？太空里的碎片吗？好多问题哦，看来要认认真真地去探索一下了！出发吧！

什么是星际介质？

如果用简单的话来说，它是星系中恒星和恒星之间的物质。

人人都知道在地球表面包裹着空气，星际介质就像宇宙中的空气一样，包裹着各种天体，它们由微尘、星际分子、电磁场和引力场等物质组成，但是直到现代，人们才发现这些十分重要的宇宙组成部分。

它们就像宇宙的流浪汉一样，飘忽不定，单独的星际介质质量十分轻微，但是整体的星际介质质量却大得惊人，只要条件合适，它们就可以形成星云，星云又可以形成恒星，也就是说这些微乎其微的星际物质才是巨大恒星的真正来源。

星际介质是小碎片吗？

科学家们发现星际介质中的主要成分是气体氢和氦，以及占很小比例的其他物质，依次为氧、水、氨和甲醛。

除上述物质外，还有一些成分不定的尘埃粒子，穿行于星系之间的各种宇宙射线以及各区域都具有的引力场和电磁场。

这样看来，星际介质可真像洒在宇宙中的小碎片呀，但是可不要小瞧这些小碎片哟，如果没有了它们，那些星球也没有了联系，恒星也不可能存在。

宇宙中也有灰尘吗？

在星际介质中，有一些漂浮着的各种物质颗粒，就像空气中的灰尘一样，我们把它叫做宇宙尘埃。

由于种种原因，这些尘埃未能聚合成一颗星体，于是就以微粒状态悬浮于宇宙空间之中，所以这些宇宙尘埃和组成地球的物质成分没有太大的区别。在适当的引力作用下，这些尘埃就有可能聚集在一起，呈云雾状，虽然它的尘粒只有万分之一毫米大小，但是这些尘埃云大多呈淡蓝色，因为照耀它们的明亮恒星温度都很高，光线呈蓝色，而且在可见光中，蓝色也最容易被散射出去，所以在天文望远镜的镜头中，往往显得绚烂多彩。

这些尘埃可不只是漂亮那么简单，它们对我们的生活也有不容忽视的影响。

宇宙尘埃是地球上的第四大尘埃来源，每一小时都会有约一吨重的宇宙尘埃进入地球，而仅一片以10万千米每小时的速度绕太阳旋转的尘埃云每年就会给地球带来3000万千克的尘埃。它们同样影响着地球的环境与气候。

一些专家说，地球上的许多自然灾害也是由于它们的影响，特别是个别种类的植物和动物并非一下子灭绝的，而是逐渐地、慢慢地消亡的，这很有可能就与宇宙尘埃的缓慢作用有关。

猜猜看

宇宙尘埃来自哪里？

直到今天，科学家们还是不知道宇宙尘埃的具体来源。这个问题就像一个解不开的谜，一直困扰着对宇宙有兴趣的人们。目前，认可度较高的一种说法是，一些温度不是很高、燃烧过程相对缓慢的普通恒星，由于引力不如那些能量较强的恒星，所以会释放出大量的宇宙尘埃。

宇宙里会不会爆发星球大战？

哇，好可怕呀！宇宙中有这么多天体，它们都有自己的轨道，可是万一有一天这些天体突然不按照自己的轨道运行了，相互吸引，"咣！"的一声撞到一起了怎么办？宇宙中会不会爆发星球大战呢？星体撞到一起后会怎么样呢？它们为什么会撞到一起呢？

30

星系为什么会相撞?

在宇宙中，每个星系都有自己的运行空间，但是它们并不可能不出现交叉，它们在运行中也会相互吸引，从而拉扯、靠近，等到一定的距离时，星系的内部开始变形，一些星体的运行轨道就会发生变化而碰撞到一起!

两个星系碰撞时，恒星和恒星之间直接碰撞的情况很少发生，那些比较容易发生碰撞的是巨大的气体云，但是它们碰撞后也比较奇特，在巨大的压力下，这些气体物质相互聚合，当聚合到一定程度的时候，它们就会形成一颗新的恒星!

星系被撞伤后是什么样子?

当两个星系相撞时，它们的大小、轻重并不相同，两个星系中都会激起一系列扩散的同心圆，就像石头扔进水中形成的小波圈一样，这是由于星系中的气体压缩而产生的气圈。

大约3亿年前，距离我们1亿光年的车轮星系就受到比它小的星系的撞击，这一次碰撞让车轮星系内部形成了不少恒星，它们围绕着车轮星系形成了一个美丽的恒星环。

在宇宙中有一个可爱的触角星系，那是由两个相互碰撞的星系形成的，在合并的过程中，形成了细长的触角一样的气流，就像小昆虫的触角一样。

仙女座

银河系会被撞吗?

科学家目前的观测发现，仙女座星系正以300千米每秒的速度朝向银河系运动，当太阳的能量耗尽的时候，大概也就是两个星系相撞的时候，但是太阳以及其他的恒星不会互相碰撞。

仙女座星系和银河系要撞到一起，大约也要30～40亿年的时间，而且两个星系融合在一起，也要花上数十亿年的时间，才会合并成椭圆星系。打个比方吧，两个星系相撞的话，就像是2杯水混合在一起的结果一样。

不过两个星系相融合时，会有一系列的恒星被扔到外面，新星系中也会有大部分的气体相撞而被压缩成为新恒星，当然，那个时候的太阳系也会变成另一个样子!

碰撞后人类会灭绝吗?

如果银河系果真和其他星系发生碰撞，那时候人类应该仍然存在，只不过人们所看到的天空景象与我们现在看到的天空景象绝对不同。

那条像白带子似的狭长的银河系将会消失，而将会看到的是一个由数十亿颗星球组成的巨大隆起。

天文学家们日前绘制了一幅更为详细的银河系三维立体图，在加州长滩市举行的美国天文学会大会上公布了他们的发现，他们发现未来银河的宽度比天文学家以前认为的多 15%。更为重要的是，银河系的密度更大，质量比天文学家以前认为的多 50%。

有不会被撞的星系吗？

宇宙这么大，当然什么样的事儿都会发生，别的星系都会因引力作用而相撞，只有一种星系不会。科学家们查看资料发现，在历次的宇宙战争中，它凭借着独特的星系结构逃过劫难，它就是"旋涡星系"。

在其他星系都大伤小伤不断的情况下，它以自己独特优美的姿势在宇宙中遨游。

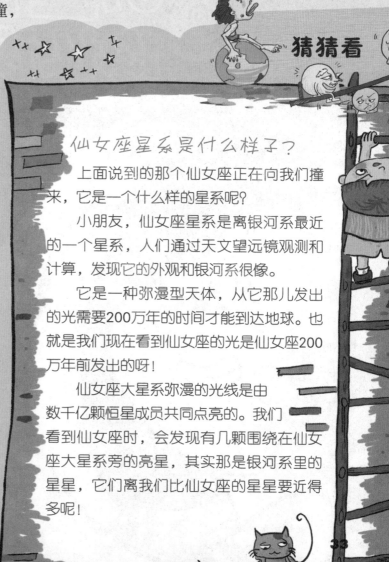

猜猜看

仙女座星系是什么样子？

上面说到的那个仙女座正在向我们撞来，它是一个什么样的星系呢？

小朋友，仙女座星系是离银河系最近的一个星系，人们通过天文望远镜观测和计算，发现它的外观和银河系很像。

它是一种弥漫型天体，从它那儿发出的光需要 200 万年的时间才能到达地球。也就是我们现在看到仙女座的光是仙女座 200 万年前发出的呀！

仙女座大星系弥漫的光线是由数千亿颗恒星成员共同点亮的。我们看到仙女座时，会发现有几颗围绕在仙女座大星系旁的亮星，其实那是银河系里的星星，它们离我们比仙女座的星星要近得多呢！

我们看到天上变化的云彩时就会感叹，怎么大自然这么奇妙呀！宇宙无边无限，当然也会无奇不有，在宇宙中都有什么样的星系呢？它们都有什么形状？为什么有个星系是蝴蝶形状的呢？你见过浣熊一样的星系吗？那就让我们一起去认识一下那天空各色奇怪的星系吧！

星系有多少种呀？

星系主要分为三类，它们是椭圆星系、旋涡星系和不规则星系，但是对星系描述最明确和广泛的还是哈柏的分类方法。

哈柏分类法根据椭圆星系椭率的估计进行分类，从接近圆形的到非常瘦长的圆都做了相应的分类。

这些星系，不论视线的角度如何变换，都有着椭圆形的外观，它们看起来似乎并没有任何的结构，而且星际物质的成分相对也很少。一般情况下它们都会有疏散的星团和少量新形成的恒星。最多的还是一些老年的星

系，它们用各种不同的方向绕着星系中心转动。

螺旋星系的螺旋臂的形状就像一个对数螺线，应该是大量恒星向一个方向一同转动而造成的结果。它的螺旋臂与恒星一样，绕着中心旋转，但是旋转的角速度并不与恒星统一，所以有很多恒星都可以穿越过螺旋臂。

恒星进入螺旋臂，它们会减速，所以在螺旋星系中，螺旋臂内恒星的密度最高，就像高速公路上的堵车现象。我们能看到螺旋臂也是因为这个原因，更重要的是在这个区域内，很高的密度促使了新的恒星的诞生，所以这里还有很多明亮而年轻的恒星。

其他形状的星系更为奇特，比如旋涡星系，它就像洗衣机里洗的衣服一样，所有的星体都围绕中心旋转；再比如棒旋星系，它的中心就像一条长棒……这些奇形怪状的星系更是太空奇特的风景。

战争中失败的M82星系

M82星系之前与M81螺旋星系有一场激烈的战争，但是由于M82质量小而被打败了。战争给了它一个惨痛的教训，在M81那个强大的引力下，它就被撕裂成了一个不规则星系。

它的中心和边缘分了家，那个明亮的中心是恒星聚集的地方，而那些边缘则成为了别人分食的战利品，里面的物质越来越少。

相同情况的还有一个NGC1144星系，这也是一个像旋涡一样的不规则星系，之所以变成这样，也是因为它和一个巨大的椭圆星系碰撞而造成的。

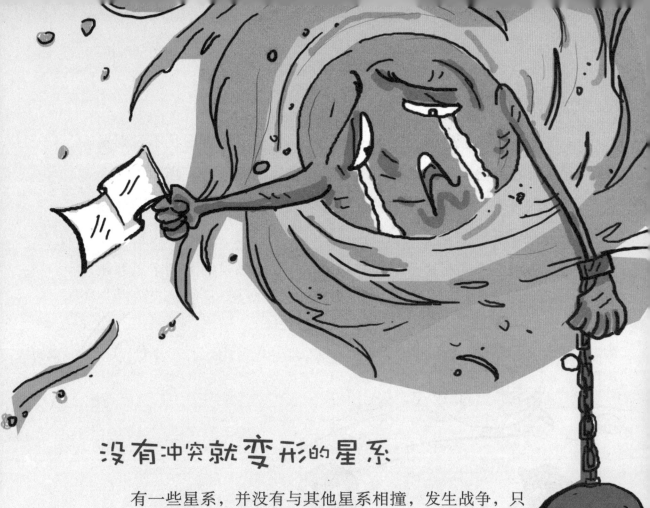

没有冲突就变形的星系

有一些星系，并没有与其他星系相撞，发生战争，只是因为离得太近，被其他星系所吸引，自己也被分成不规则的形状了。

就像大、小麦哲伦星系，它们离银河系实在太近了，银河系那强大的引力让它们实在难以承受，它中间的很多物质便因引力的作用而改变方向，结果就变成了今天不规则的模样。

NGC5474星系也是这样，它的邻居M101星系太强大了，使得它变得不规则。它的中心区域有很多恒星和物质，十分明亮，但是在中心以外的物质，因为被吸引而向一侧集中，成为一个不对称的星系。

美丽形状的星系

有些星系也是因为很多不同的原因，变成没有形状不规则星系后，在慢慢演化的过程中变成了一个美丽的形状，当然，这个美丽的外表也会随着时间的推移而消失，又会变成什么都不像的不规则星系。

海星星系现在是一个蝴蝶状星系，它应该是因为两个星系碰

撞后，相互吞食才变成这样的形状的，科学家还推测这个星系的中央位置应该有两个黑洞存在。

像这样情况的还有那个浣熊特殊星系，它也是由两个星系合并的，而且特别明显的，估计再过4亿年左右，它就会变成一个完整的大星系啦!

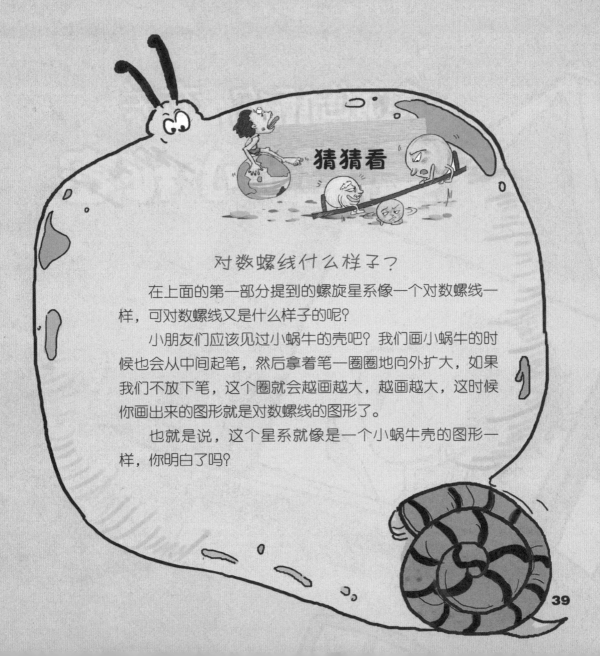

猜猜看

对数螺线什么样子？

在上面的第一部分提到的螺旋星系像一个对数螺线一样，可对数螺线又是什么样子的呢？

小朋友们应该见过小蜗牛的壳吧？我们画小蜗牛的时候也会从中间起笔，然后拿着笔一圈圈地向外扩大，如果我们不放下笔，这个圈就会越画越大，越画越大，这时候你画出来的图形就是对数螺线的图形了。

也就是说，这个星系就像是一个小蜗牛壳的图形一样，你明白了吗？

哇！天空中一闪一闪的小星星好可爱呀！人们说天空是星星的家，那有多少星星在这个家里住呀？嘿嘿！我怎么数也数不清呢？它们为什么会发出光来呢？为什么它们会有的亮有的暗呢？而且颜色也不一样呢？呵呵，星星的小小秘密好多哦，一起去把这些小秘密揭开吧！

偷偷告诉你，有关
星空的小秘密

我们真的有很多很多！

星空里有多少星星？

夜晚我们仰望星空，无数的小眼睛眨呀眨！这些调皮可爱的小星星给我们增添了无数的遐想，也从它们眨呀眨的眼睛中看到了神秘。那么，小朋友，你数过星星吗？天上有多少眨着眼的小眼睛呢？

其实，我们能用肉眼看到的星星总共也不超过7000颗，由于人们站在地球上，抬头只能看见半个天空，所以通常看到的星星也只有3500颗左右。

如果说整个宇宙中的星星，那就太多了，没有人能知道到底有多少颗，因为我们还不知道宇宙到底有多大呢！

为什么星星会发光？

在宇宙中，只有恒星才会发光发热，就像太阳，它就像一个大火炉，不烧煤，也不烧燃气，它的上面每天都有原子变化，一变化就发光发热，这种变化不停止，所以太阳总是又亮又热，不熄灭。

我们看到的天上的星星，差不多都和太阳一样，也是靠自身的原子变化发光，只是因为星星离我们太远了，所以看上去只是一个一个的小光点。这个小光点就是我们晚上看到的星星了！

小朋友们，你们知道吗，我们看到的星星可不都是恒星哦，它还有很多类型，它可能是行星，也有可能是卫星，更有可能是星系或者人造卫星呢！

就像恒星可以自己发光，而星系所发的光其实也是这个星系内的大量恒星发出的光。但是，卫星和人造卫星是不可能发光的，它们只是反射了某些恒星的光而已。

　　至于行星嘛，它一般情况下也是不发光的，但有些也是可以发出点光和热的，比如木星就可以发出少量的光和热。

为什么星星有的亮有的暗呢？

　　小朋友，如果你细心观察就可以发现，星星的亮度是不一样的哦！它们有的十分明亮，有的却看起来很暗，有的大，有的小，这都是为什么呢？

　　这可能有两个原因哦，一个是星星的发光能力有大有小，有的星星使劲儿发亮也赶不上别的星星，我们只能看到暗暗的它喽！第二个是星星和我们地球之间的距离有远有近，那些距离近、发光能力强的星星看上去很亮，而那些距离远、发光能力差的星星就暗淡！

为什么星星的颜色不一样呀？

抬头看看星空，呀！星星的颜色怎么也不一样呀？它们发出各种各样的光，有的是红色的，有的是黄色的，有的竟然是蓝色的？

因为恒星在诞生的时候，由于核聚变反应剧烈，所以表面温度也很高，它们发出耀眼的蓝白色光。随着燃料的减少和体积的扩大，恒星表面的温度越来越低，颜色也会慢慢地变成黄色和红色，最后随着新星爆发，恒星的星核成为发着暗淡的白光的白矮星，或者成为发着蓝色光的中子星，也可能最后成为不发光的黑洞。

星星白天在哪儿呀？

小朋友都知道，恒星每时每刻都在发光，但是在白天星星都哪儿去啦？为什么看不见星星呢？

这是因为白天太阳中一部分光线让地球大气所散射，将天空映照得十分明亮，我们就感觉不到星星发出的光。就像在景观灯被打开后灯火通明的晚上，我们不是也只能看到很小一部分星星，或者根本就看不见星星了吗！

如果没有大气，天空是黑洞洞的，即便阳光再亮，也能见到星星。如果白天发生日全食，把太阳的光遮住的话，我们也可以看到星星哦，而且它们的位置与晚上也没有什么区别的！所以这样看来，白天只不过是太阳的光把我们的眼睛给遮住了，而不是星星自己躲起来睡觉去啦！

猜猜看

星星为什么会眨眼呀？

"一闪一闪亮晶晶，满天都是小星星。挂在天上放光明，好像你的小眼睛。"听到这首歌，小朋友一定会想，那些"小眼睛"不是"石头"吗，怎么有时候会觉得它在眨眼呢？

那可又是地球上大气的神奇作用哦。大气不是静止不动的，热空气上升，冷空气降下来，还有风在吹来吹去。我们要看到星星就要经过这么多层大气，它们就那样动来动去，那么星星的光在穿过时也会有不同的折射哦。

这些折射，有时候聚在一起，有时候分散开来，使我们看到的星星也忽隐忽现，就像是眨来眨去的无数小眼睛喽！

恒星 是银河系 最懂事的孩子

它是一个安安稳稳的孩子，默默地待在宇宙中，但是它又是一个很出色的孩子，它能发光发热，让每一个人都看见它，它就是恒星！恒星永远不会动吗？我们要观察它时有什么标准吗？恒星有多大呀？想知道这些问题的答案吗？那就打开书来寻找答案吧！

恒星是永远不动吗？

银河系中有一些像太阳一样能够自己发光发热的星体，在很早的时候，人们认为它在星空的位置是固定的，所以给它起了个最老实的名字——"恒星"，意思是"永恒不变的星"。

但是，小朋友可不要被它们的名字骗了哦，它们也是在不停地高速运动着的。

恒星的这种运动在天文学中有一个恰当的名字，叫"自行"。恒星自行的速度绝对不慢，而且往往比行星的运动速度快得多。只不过除太阳外的恒星离我们都太遥远了，它们跑得再快，从地球上看去也跟静止差不多。如果经过上万年之后，我们再去观察恒星的位置，它们一定会有一个明显的变化。

怎么观察恒星？

恒星也有它自己的特征，我们把其

特征分了五大类，分别是亮度、颜色、表面温度、尺寸和重量。

我们在研究一个恒星时就可以从这五个方面去观察，因为它们这些方面都是相互有关联的，比如颜色和表面温度相关联；亮度和表面温度有关，也和尺寸有关。

天文学家为了清楚地研究五者的关系，发明了一种赫罗图，我们根据它就可以了解一个恒星的特征以及它的变化了！

怎么根据亮度区分星星？

天上的星星有亮有暗，聪明的人们就根据这明暗的亮度来区分星星了！

我们观察时，用眼睛看到的最亮的星就是一等，而最暗的就是六等了。现在我们确认出的一等星共有21颗，其中最著名的是天鹰座牛郎星。

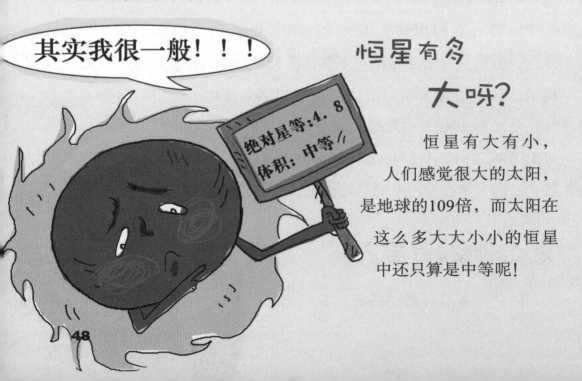

其实我很一般！！！

绝对星等：4.8
体积：中等

恒星有多大呀？

恒星有大有小，人们感觉很大的太阳，是地球的109倍，而太阳在这么多大大小小的恒星中还只算是中等呢！

巨星是恒星世界中个头最大的，它们的直径要比太阳大几十到几百倍。超巨星更大，红超巨星的直径是太阳的600倍。它们还不算最大的，仙王座中有一对双星，它的主星A的直径是太阳的1 600倍。特别还有一颗叫做柱一的双星，其伴星比主星还大，直径是太阳的2 000～3 000倍。这些巨星 和超巨星都是恒星世界中的巨人。

而有的恒星大小和地球差不多，比如白矮星，它的直径只有几千千米，而比它还小的就要数中子星了，白矮星和中子星是恒星世界中的侏儒。

猜猜看

太阳也会动吗?

上面说过，恒星不是固定不动的，它也在"自行"，那为什么我们却看不到太阳的动呢? 这真是个伤脑筋的问题哦。

呵呵，太阳当然是恒星，而且恒星都在运动，只是看它以什么为参照物而说的。

有的小朋友可能会说，我们站在地球上，那我们固定不动，太阳每天东升西落，那就好像是它不停地围绕着地球做运动了! 呵呵，这当然不对。

太阳作为银河系中的一颗恒星，它一定会围绕着银河系的中心在运动，因为我们跟着太阳一起转的，就好比，我们在玩旋转木马时，我们坐在木马上，你会看到木马动吗? 呵呵，当然不会，那是因为你和木马一起转起来了哟!

星星也和人一样，会死去吗?

生老病死，这是人人都要经历的事儿，没有什么可好奇的。但是天空中的星星也会有年轻的时候，老的时候吗？它们会不会像人一样生老病死呀？那太阳作为银河系中的大恒星，它会死吗？要是死了怎么办呀？呵呵，让我们一起去找一找答案在哪儿吧！

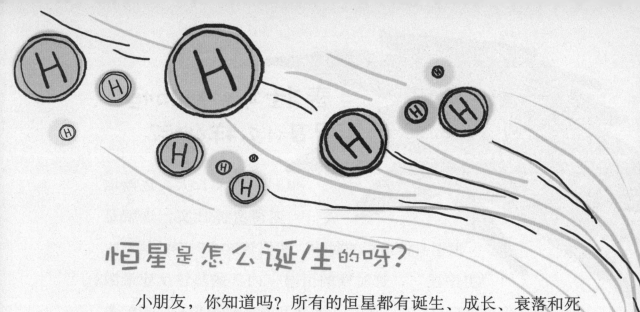

恒星是怎么诞生的呀?

小朋友,你知道吗?所有的恒星都有诞生、成长、衰落和死亡的过程,其间将经历从原恒星到主序星、红巨星,再到死亡,现在宇宙中肯定也有一些恒星生出来,有一些恒星死去了呢!那让我们先来看看恒星是怎样出生的吧!

当宇宙的温度开始降低的时候,宇宙中很多的物质就开始凝聚,以氢元素为主的宇宙物质在万有引力的作用下聚集在一起,当温度合适的时候,"砰"的一声,它们就团结在了一起,聚变之火就被点燃了,随着剧烈的爆炸,"哇哇哇……"一颗恒星出生了!我们给这个新生儿一个通用的名字,管它叫"原恒星"。只不过一颗恒星的形成不是一下就能完成的哟,这个过程需要上亿年的时间。

青壮年时期的恒星是什么样的呢?

恒星慢慢地长大，逐渐地成长，变得身体壮实，这就是恒星身体最棒的时候，我们管这个时期的恒星叫"主序星"，这时候的恒星，内部的热核反应最激烈，会产生这个恒星一生中最巨大的热和光，是恒星一生中能量最大，精力最充沛的阶段!

红巨星说明恒星老了吗?

恒星进入老年时期的时候，它先变成一颗大腹便便的"红巨星"。不过，这时候的恒星也会很骄傲，因为这时它成为了恒星世界里的"巨人"。

它们的体积在变为"红巨星"时就会非常庞大，半径是太阳的几十倍甚至几百倍。等它们的年龄越来越大，成为了"超巨星"，那它们的体积就会更大了。

"红巨星"大多非常明亮，比青壮年的"主序星"还要亮!天空中最亮的星中大部分都是"红巨星"。虽然它们的表面温度越来越低，颜色也越来越红，但由于身躯很大，光度也变得很大，所以它们是天空中最亮的星星。

太阳变老了吗?

太阳每天红红的，难道是它已经进入老年了吗？

其实恒星的这个变化要经历很长很长的时间，对于这个时间，我们人类生存的时间就太短太短了，所以我们不可能看到一颗恒星的出生到死亡的全过程。

根据科学家的探测，太阳大约诞生于50亿年前，再过50亿年，太阳也会衰亡。它会先变为一个红巨星，然后变为红超巨星，最后爆发，变得又重又硬，我们管它叫"白矮星"，然后它再衰亡，变成"黑矮星"。这时候它再也不能发光发热，内部也没有了能量，彻底地死去了！

其实每个恒星死亡的方式是各有不同的，有的恒星不经过"红巨星"阶段就直接变为"白矮星"和"黑矮星"；有些恒星会爆炸，炸成一颗"超新星"，这是以辉煌的方式来结束自己的生命，生于爆炸死于爆炸，它成为"白矮星"或者"中子星"，而那些比太阳质量大3倍以上的恒星核最后会成为"黑洞"。

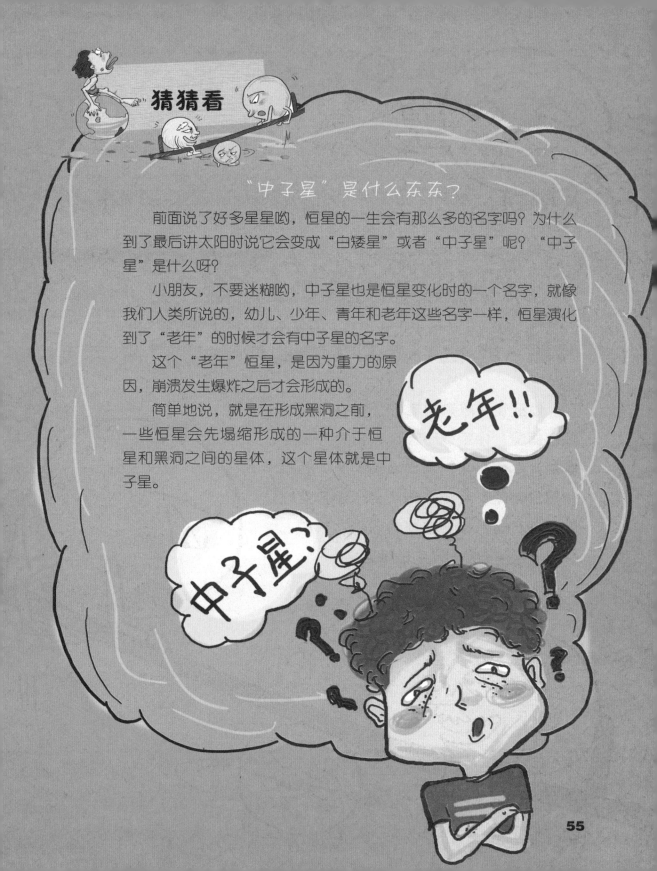

猜猜看

"中子星"是什么东东?

前面说了好多星星哟,恒星的一生会有那么多的名字吗?为什么到了最后讲太阳时说它会变成"白矮星"或者"中子星"呢?"中子星"是什么呀?

小朋友,不要迷糊哟,中子星也是恒星变化时的一个名字,就像我们人类所说的,幼儿、少年、青年和老年这些名字一样,恒星演化到了"老年"的时候才会有中子星的名字。

这个"老年"恒星,是因为重力的原因,崩溃发生爆炸之后才会形成的。

简单地说,就是在形成黑洞之前,一些恒星会先塌缩形成的一种介于恒星和黑洞之间的星体,这个星体就是中子星。

老年!!!

中子星?

为什么说白矮星是宇宙里的大胖子？

恒星变得越来越老了，它变成了一颗白矮星，体积变小了，可是为什么体重却大得惊人呢？人类发现的第一颗白矮星是哪颗？为什么有人说这是天空中的大钻石呢？带上这样的问题，我们去探望一下那个闪白光的白矮星吧！

闪白光的那个是白矮星吗?

　　恒星的一生有很多变化，到了老年时期它会逐渐衰亡，变得暗淡无比，却发出白色的光，我们亲切地叫它"白矮星"。

　　也可以说，白矮星是一种体积很小的恒星，但是你知道吗，它的质量却大得惊人哦，而且密度也很高！它们那闪闪的白光仿佛在告诉我们：我可不是简单的"老恒星"哟！

　　恒星在燃烧的时候会形成一个主要由氦元素构成的恒星核，在发生新星爆炸以后，这个恒星核不会飞走。万有引力挤压着恒星核上的原子，原子被压缩变小，当引力和电子运动产生的抵抗力处于平衡的时候，一颗白矮星就诞生啦！

　　这时候的白矮星温度还很高，会不断地向周围空间辐射能量！但是它那么无私，把自己的能量都放出去，它身体的温度就会越来越低，它会变得越来越暗，一直到变成一颗黑漆漆的"黑矮星"，这颗恒星辉煌的一生就结束了！

57

谁是第一颗白矮星？

　　我们发现的第一颗白矮星是天狼星的伴星，刚刚发现的时候天文学家认为，这不就是一颗暗淡的恒星吗！

　　但是随着观测技术的提高，人们发现它表面的温度很高，而且经过计算，它的质量、密度也都非常大。

　　后来恒星成长的新理论出现了，人们才认识到它就是理论预言中的白矮星。

白矮星为什么变小了？

一颗恒星如果变成了白矮星，那么它就会受到巨大的引力压，在这个力的作用下组成它的物质的原子外壳被挤破了，就像是我们使劲捏馒头一样，原子核和绕核运转的电子被挤成了很小的一团。整个星球的体积就会变得越来越小，但是白矮星的质量并没有随之大幅减少，它的密度可是变高了哟！

那么它的质量一直都不会变吗？当然不是。白矮星的极限质量是1.44倍的太阳质量，这样引力和电子抵抗力就可以达到平衡，使白矮星能比较稳定地存在一段时间，如果质量高于极限质量，那么白矮星就会被引力击垮。

在白矮星发白光和燃烧的过程中，它的身体也会变轻的！

白矮星是太空中的大钻石吗?

　　小朋友,你知道钻石是什么构成的吗? 它和我们用的铅笔一样,是由碳元素构成的,只不过碳的排列顺序不一样,才会一个亮晶晶,一个黑乎乎的。也许你会奇怪,为什么会提到钻石呢?

　　哈哈,告诉你吧,一些恒星在燃烧的时候也会产生碳元素,当这颗恒星成为白矮星后,星核上的碳元素在巨大的压力下,就会形成像钻石中的碳排列顺序那样的结构,也就是说,白矮星就是太空中的大钻石喽!

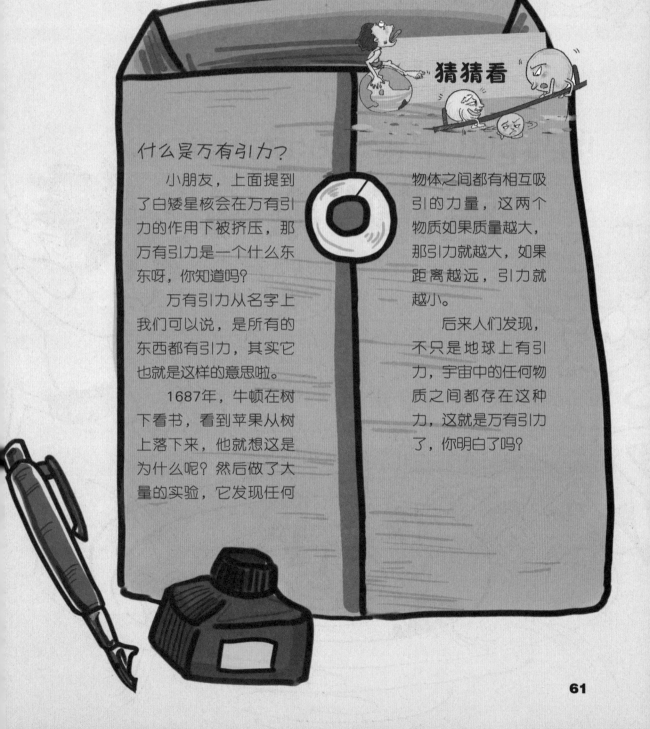

什么是万有引力?

小朋友,上面提到了白矮星核会在万有引力的作用下被挤压,那万有引力是一个什么东东呀,你知道吗?

万有引力从名字上我们可以说,是所有的东西都有引力,其实它也就是这样的意思啦。

1687年,牛顿在树下看书,看到苹果从树上落下来,他就想这是为什么呢?然后做了大量的实验,它发现任何物体之间都有相互吸引的力量,这两个物质如果质量越大,那引力就越大,如果距离越远,引力就越小。

后来人们发现,不只是地球上有引力,宇宙中的任何物质之间都存在这种力,这就是万有引力了,你明白了吗?

美丽的宇宙成就着一切的美好，天体们有动感的运动美，放在整个空间中又仿佛一切那么宁静，哦？是谁在这么美好的时刻来破坏呢？怎么宇宙中能有这么可怕的东西呢？凡是进入它周围的一切，它都会把它们吞到自己的肚肚里，太恐怖了！小朋友，快跑！宇宙里的大怪物黑洞来啦！！

快跑！宇宙里的大怪物"黑洞"来啦！

什么是黑洞呢？

提到"黑洞"，简直就是一个恐怖的代名词呀！它就像是一个大怪物，只要进入它的"势力范围"，任何物质绝对不会逃出去，它不停地"吞吃"着周围的一切物质，人们把它叫做"太空魔王"。

黑洞里面物质密度很高，但是其中的物质并不是平均分布

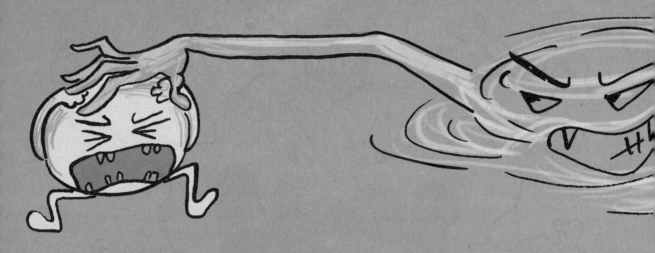

　　的，而是像龙卷风的中心一样，所有的物质都集中在它的中心。

　　这些物质都会产生极其强大的引力，引力与物质的质量成正比，也就是物质的质量越大，引力就越大；而引力又与距离的平方成反比，也就是说距离越小，那引力场就会越强呢！

　　黑洞的质量十分巨大，随着距离的减少，引力场自然也就越来越强，这个引力场对空间的形状影响也越来越强，在引力强大到一定程度的时候，黑洞周围就形成了一个封闭的空间，任何物质进入这个空间，都不会再出去，因为它根本就没有路。

　　这就是黑洞"吞吃"所有物质的秘密哟！

黑洞是怎么形成的呢？

　　黑洞是怎么出现的呢？呵呵，说出来你可能会惊讶，黑洞是一些大质量的恒星的末期阶段呢！

　　这些恒星越来越老，在生命末期的时候，内部的聚变反应会减弱，因此不足以支撑自己的外壳。

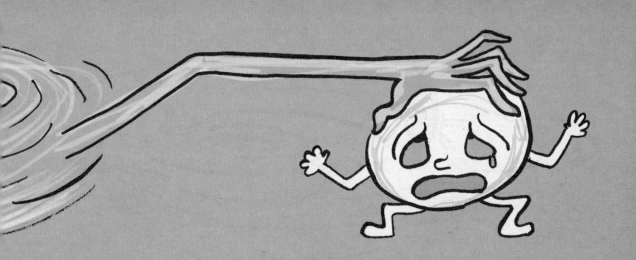

在恒星核的引力作用下，外壳的物质向里靠拢，直到把整个恒星挤成一个点，这个点的引力场越来越强，最终成为一个不发光的天体,这样，一个新的黑洞就诞生了呀！

黑洞具体在哪儿

黑洞可不是哪儿都有的，它有自己独断专行的领域。它可不喜欢群居，而且其他的所有物质也不喜欢和它在一起。它巨大的引力会对周围的天体产生强烈的影响，改变这些天体的运动轨道。

当一些物质掉入黑洞时，会发射出X射线来求救，这些X射线就成了指示哪儿有黑洞的射线，因为其他天体活动的时候是很难产生这种射线的。

天文学家根据这些特征，就知道哪块宇宙区域有黑洞了！

它们围着转转转吗？

从科学家研究的结论来看，黑洞会不断地吸取周围的物体。但是千万不要认为它和磁铁一样，周围的小铁屑都"砰砰砰"地吸在它上面哟，它可不是一个粘满物质或者吃得饱饱的大球球哟！

周围的物体是旋转着落到黑洞上的，并在黑洞的周围形成一个盘状的结构，也就是有的被吸引得近，有的还在远处，人们把这个大盘子叫做"吸积盘"。

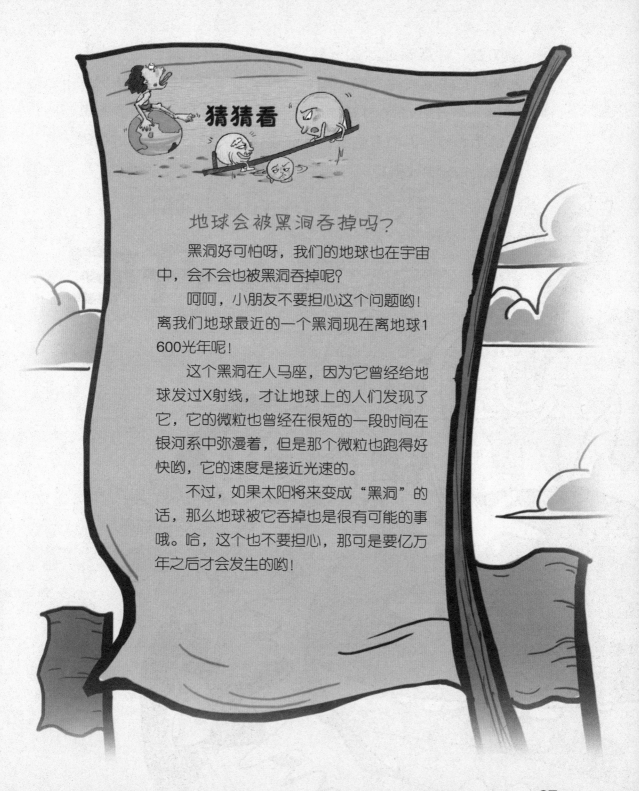

地球会被黑洞吞掉吗?

黑洞好可怕呀,我们的地球也在宇宙中,会不会也被黑洞吞掉呢?

呵呵,小朋友不要担心这个问题哟!离我们地球最近的一个黑洞现在离地球1600光年呢!

这个黑洞在人马座,因为它曾经给地球发过X射线,才让地球上的人们发现了它,它的微粒也曾经在很短的一段时间在银河系中弥漫着,但是那个微粒也跑得好快哟,它的速度是接近光速的。

不过,如果太阳将来变成"黑洞"的话,那么地球被它吞掉也是很有可能的事哦。哈,这个也不要担心,那可是要亿万年之后才会发生的哟!

小朋友，你看到过太阳一跳一跳地从地平线上升起来吗？人们都说，万物生长靠太阳，那么，那个看起来红红的热热的火球到底是一个什么样子的天体呢？我们可以坐上飞船到太阳上去吗？你知道神秘的日食到底是怎么回事吗？呵呵，睁大你的眼睛，让我们一起来探索吧。

太阳:任何生物都离不开它

你知道太阳多大吗？

太阳是太阳系的中心天体，也是离地球最近的一颗恒星。它每分每秒都向宇宙辐射着能量，那些不会发光发热的行星就全靠它来温暖了，我们的地球也正是因为有了太阳，才会变得这么美好。

小朋友，可不要认为太阳就像你看到的只有盘子那么大哟，它的直径相当于地球直径的109倍呢！

太阳的体积约是地球体积的130万倍，打个比方，我们的地球是一颗小米粒，那太阳就是一个小西瓜。

太阳有多重？也就是把33万个地球的质量加起来才是一个太阳呀！它可以算得上是太阳系的老大了！

太阳的结构是什么样的呀？

太阳现在已经不是一个年轻的小恒星了，它现在已经是一个资历很深的炽热的红巨星了！太阳表面的温度非常高，由于强大的万有引力作用，使它表面的物质看起来是液态的，事实上太阳上的物质状态非常复杂，太阳上很多物质呈等离子状态，核心则是高压态下的。太阳并没有固体的星体或核心，从中心到边缘，可分为核反应区、辐射区、对流区和大气层。

太阳的大气层可以分为三层，从内到外依次分为：光球层、色球层和日冕层。

太阳的光球层是它表面最明亮的区域，我们平时看见的太阳，就是它那最明亮的光球层了；色球层我们平时观察的时候不容易看到，但是当日食的时候它就显现出来啦，太阳边上那层玫瑰红色就是它色球层展现出来的姿态；日冕层在太阳的最外层，它的温度很高，向外膨胀运动，并使得冷电离气体粒子连续地从太阳向外流出而形成太阳风，日冕层延伸的范围达到太阳直径的几倍到几十倍。

能坐上飞船去太阳吗？

现在科学技术发展得这么快，可以在太空中建实验室，可以登上月球旅游，那么我们可以去太阳吗？

呵呵，小朋友，太阳离我们很远很远，它热乎乎的状态让我们的航天器也很难接近。这是因为太阳内部进行着激烈的核聚变反应，所以它内部的温度很高，它的最外层温度也比炼钢炉里那沸腾着的钢水温度还要高3倍多呢！

太阳的光球层外面还有一层色球层，它的温度又开始升高了，能达到上万摄氏度呢！

那就是说，我们所坐的飞船还没到达太阳表面，就被它放射出来的强烈的辐射摧毁了！

太阳脸上也有斑呀？

在太阳的光球层上，也有那一块一块的黑暗区域，就像是太阳脸上的斑点一样，人们管它叫做太阳黑子。

这些黑子是怎么形成的呢？原来，在太阳表面有一种炽热物质的巨大旋涡，温度非常高，而它各部分的温度差距很大，在明亮的光球反衬下，这些温

度比较低的区域看上去就像一个个的黑色的斑点一样了！

太阳被咬了一口？

在中国古代，有时候人们会看到太阳被一个黑暗的东西一点点地吞掉，古人很害怕，并且还有了出现这种天象必然有重大事情的说法。其实那是月亮跑到太阳和地球中间，月亮虽然很小，但是它离地球很近，就像我们拿一片叶子挡在自己眼睛前，就可以遮住所有的东西一样，月亮这时把太阳的脸遮住了，我们就看到了一种奇异的现象——日食。

如果月亮完全遮住了太阳，那就是日全食；如果只是遮住一部分，就发生了日偏食。当然，有时候月亮并没有完全遮住太阳，只是遮住了太阳的中间，这就发生日环食了！

在日食发生的时候，有很多美丽的景象。我们会看到太阳的边缘上喷出一股火红的炽热气体，十分壮观，人们把它们叫做日珥。那是从太阳的色球层喷发出来，又以很高的速度回到太阳表面而形成的。在这种现象发生的同时，还有一种暗条现象，它就是日珥的影子！

有时在日全食即将开始或结束时，太阳圆面被月球圆面遮住，只剩下一圈弯弯的细线，这时候，我们会看到一串发光的亮点，像是给太阳戴上了一串珍珠项链一样，我们管这些小亮点叫"贝利珠"，因为这种现象是英国天文学家贝利发现的。

太阳风是什么风？

太阳风就是太阳上的风呗！呵呵，这个说法应该没有错。在我们的生活中，因为空气的流动而形成风。在太阳上，是因为恒星表面的物质流动而形成太阳风。

当发生日全食的时候，太阳的最外层——日冕层里的物质更加稀薄，并且向外做着剧烈的膨胀，使一部分粒子流逃脱太阳的引力，这样我们就可以看到那个流动的太阳风了！

水星在八大行星中与太阳最亲近，它就像一个小朋友一样，跟在太阳左右不停地转圈。在古代的时候，水星这个家伙可给我们人类带来了不少问题呢，它一会到太阳的左边儿，一会儿又在太阳的右边出现，忽左忽右神出鬼没，你知道这是为什么吗？水星上面是一个怎样的世界呢？水星上有水吗？带着这些问题，我们一起去探访这个"小不点儿"吧！

水星的绰号叫"小不点儿"？

为什么说水星神出鬼没？

在古时候的中国，人们把水星叫做辰星，而且人们还发现，它有时候会在太阳的东面，有时候又跑到太阳的西面去了，让人难以捉摸。

古代西方人干脆就以为水星是两颗行星，在暮色中见到的起名字叫"墨丘利"，在晨曦中见到的起名叫"阿波罗"。后来人们才发现原来"墨丘利"和"阿波罗"是同一颗星，就去掉了一个名字，直接就叫墨丘利了！

墨丘利是罗马神话中专门为众神传递信息的使者，他头戴插有双翅的帽子，脚蹬飞行鞋，手握魔杖，行走如飞，神通广大，令人难以捉摸。

水星还真的像墨丘利那样，行动迅速，神出鬼没，在一个半月的时间里它会沿着一段奇特的曲线，从太阳的最东边跑到最西边，是太阳系中运动最快的行星。

水星上是什么样子呢？

站在地面上去观测水星，几乎看不到水星表面上都有什么，所以我们只能通过宇宙飞船发回的照片来对它进行研究。

根据照片，科学家发现水星表面和月球表面很相近，它的上面也有像被撞击过的痕迹，很多大大小小的环形山，这些环形山都被起了名字，有十多个还是中国人的名字呢！在水星的上面有

平原，也有高山，甚至连悬崖峭壁都有！

水星也像地球一样被一层大气包着，但是因为水星离太阳最近，受太阳辐射烘烤曝晒最强，所以水星只有微量的大气，主要是氧、气化的钠和氢，密度很低，它的大气层非常稀薄。

水星到太阳的距离是地球到太阳距离的三分之一，也就说，在水星上看太阳可以很大很人，正因为这样，它的表面温度是地球上赤道温度的6倍，即使是铁放在上面，也会迅速地熔化掉的。

水星上也有冰吗？

水星的结构和地球相似，也是由壳、幔、核三层组成的，它的核是一个比月球还大的铁质内核，壳主要是硅酸盐构成的。水星上有没有冰的存在，科学家也做了研究。

在1991年，天文学家从传回来的照片中看到，在水星的北极，有一个不同寻常的小亮点儿，像是一种反光的物体，于是推测，那可能就是冰。水星上可能有冰。

为什么它离太阳这么近，还会有冰呢？那是由于水星的轨道比较特殊，在它的北极，太阳始终只在地平线上徘徊。在一些环形的陨石坑底，是永远见不到阳光的，那里的温度会降至－161℃以下。在温度这么低的环境下，无论是行星自己释出来的水汽，还是太空飘来的冰，都会迅速凝结在一起。

水星上有季节变化吗？

水星绕太阳跑的速度很快，它自转周期大约是58.6天，是它公转周期的三分之二，这样，地球自转一周是一昼夜，水星转三周才是一昼夜，而且水星一昼夜的时间相当于地球上的176天！

因为水星特殊的轨道原因，它在近日点时总以同一经度朝着太阳，在远日点时却以相差90°的经度朝着太阳，所以水星也

会随着所处轨道位置的变化而出现"季节"的变化，但是，这种季节的变化并不像我们地球上的四季！

　　还有一个奇妙的景象，由于水星的轨道是椭圆的，所以当它在近日点时看到的太阳比较大，在远日点时看到的太阳比较小，也就是说，在水星上可以看到两个大小不一样的太阳哦！

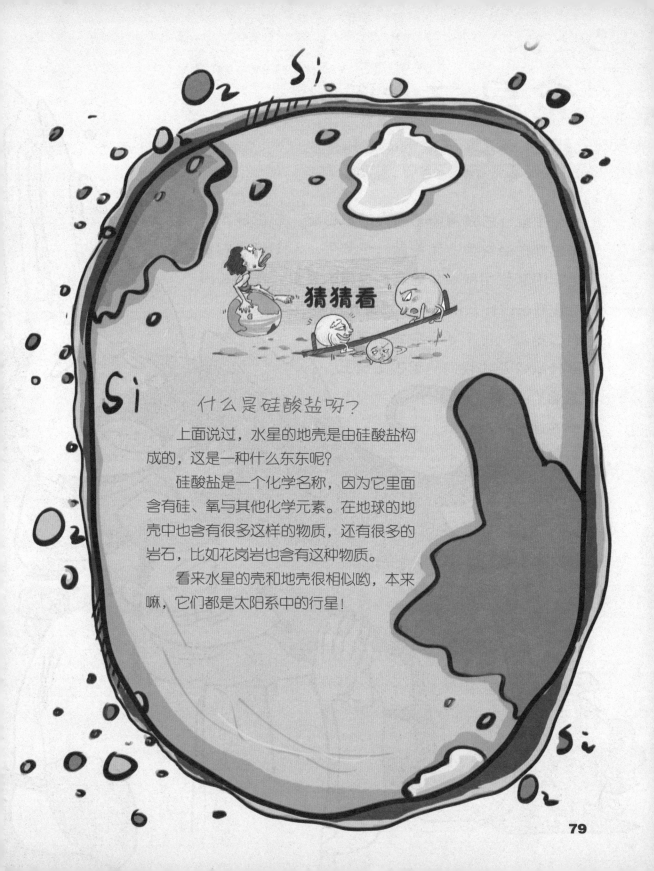

猜猜看

什么是硅酸盐呀？

上面说过，水星的地壳是由硅酸盐构成的，这是一种什么东东呢？

硅酸盐是一个化学名称，因为它里面含有硅、氧与其他化学元素。在地球的地壳中也含有很多这样的物质，还有很多的岩石，比如花岗岩也含有这种物质。

看来水星的壳和地壳很相似哟，本来嘛，它们都是太阳系中的行星！

金星:夜空里的 耀眼明珠

金星，也就是中国古代的太白星，它总是第一个出现在夜空里，而最后一个消失。人们都说它是地球的孪生姐妹，与地球有很好的关系，那你知道它到底长得什么样吗？在金星上太阳也会东升西落吗？那个著名的金星凌日又是什么呀？让我们一起去金星上看看，了解一下这个最著名的星星吧！

它是地球的孪生姐妹吗？

金星在中国的古代被叫做太白星或者太白金星，在黎明前它出现在东方的夜空中，人们叫它"启明星"；在黄昏后，它又会出现在西方的天空中，人们叫它"长庚星"。

在墨染似的夜空中，它就像一颗耀眼的明珠，成为天空中最亮的星星之一。

金星与地球的环境似乎一样，其实它们有天壤之别：金星的表面温度很高，不存在液态水，大气压力极高，并且严重缺氧，自然条件非常恶劣。因此，金星和地球只是一对"貌合神离"的姐妹。

金星上太阳从西边出来吗？

在八大行星中，大多数是自西向东自转，太阳会从东面升起，西边落下。但是，在金星上却不一样，它的自转是自东向西的，所以，在金星上可以看到太阳堂堂正正地从西边升起来！

由于金星的公转轨道很接近正圆，它的自转与公转的时间很相近，地球上的243天才是它的一天，所以金星的一年中，才只能看到两次日出呀！

金星上是什么样子？

科学家利用金星探测器发现，金星上的地势比较平坦，但是也有比较复杂的地貌，有70%是起伏不大的平原，20%是低洼地，还有10%左右的高地。

在金星上有比青藏高原大两倍的高原，有比珠穆朗玛峰还要高的山峰，更有一贯通南北穿过赤道的大峡谷，是八大行星中最大的峡谷。

人们还发现，金星上有一些已经凝固的熔岩，这说明在金星上可能还有活动火山，它上面的高原主要是玄武岩，含有大量的镁和钾，而且硫的含量也是地球上的几倍。

金星的表面温度很高，有浓密厚重的大气层，主要成分是二氧化碳，太阳辐射所产生的热量只能反射出去很少很少的一部分，所以这个大气层就像是金星的棉被一样，把金星包在中间。

由于这么高的温度，在金星上基本没有地区、季节等的变化，它的气压大约是地球的90倍，而且大气活动特别剧烈，闪电和雷暴也是时常发生的事情！

什么是金星凌日呀？

水星和金星都在地球绕日公转轨道以内，所以，当金星运行到太阳和地球之间时，我们就可以看到在太阳表面有一个小黑点慢慢穿过，这种天象称为"金星凌日"。

我们用肉眼观看这种现象很不明显，但是只要用10倍以上倍率的望远镜就可以清楚地看到金星的圆形轮廓，40～100倍率左右的望远镜观测效果会更好。

在进行观测时，千万不能直接用肉眼、普通的望远镜或是照相机观测，而要戴上合适的滤光镜，同时观测时间也不能过长，以免被强烈的阳光灼伤眼睛。

　　天文学家会把相隔时间最短的两次"金星凌日"现象归为一组，在2004年6月8日出现过一次，那么根据规律预测，下一次的"金星凌日"应该是2012年6月6日。因为金星围绕太阳运转13圈后，会处于地球与太阳之间，这时地球绕太阳公转了8周，也就是这段时间相当于地球上的8年。

猜猜看

金星上有水吗？

金星上的大气层是罗蒙洛索夫发现的，它的主要成分是二氧化碳，有30～40千米厚，在这么厚的大气层至少有25千米的浓密云层，但是这个云层可不是水雾构成的，那是由腐蚀性很强的浓硫酸构成的，它的表面大气压是地球的100倍，表面温度有480℃左右，所以在这么高的温度下，即使有水的存在也不可能有液态的水。

但是，"金星"13号和14号的考察结果又发现，金星内部的岩浆里含有水分，所以人们又开始动摇了，是不是金星内部含有水呢？看来金星上有没有水的问题还是一个未解开的谜。

火星：浑身上下
火红火红的

火星是我们地球的好邻居，人们认为火星上应该有生命存在，也许我们在街上看到的那个小朋友就是一个可爱的火星宝宝呢！难道火星上真的有生命存在吗？火星上是什么样子呀？为什么它的名字会叫火星呢？我们从地球上看火星时为什么它有的时候亮有的时候暗呢？不要再烦恼了，今天我们就把这些疑惑一一解开吧，出发！

火星上是什么样子呀?

火星是太阳系由内往外数的第四颗行星,也是地球的好邻居,而且火星与地球有很多相似的地方,和地球一样有四季变化;它自转一周比地球多半个多小时,和地球的昼夜长短基本差不多。

火星的表面到处是荒凉的景象,那里有一望无际的沙漠、绵延不断的丘陵和洼地,上面堆积的全是乱七八糟的大大小小的石块,这里有很多的大峡谷、大火山以及坑洞,它们交织在一起,构成了一个红色的世界。

为什么火星是红色的?

从地球上去观察,火星是一颗火红色的亮星星,也正是因为它火红的颜色,人们才给它起了"火星"这个名字,可不是因为它上面着了火才这样叫的哟!

火星表面很干燥,遍地都是红色的土壤和岩石,科学家们通过对这些表面物质成分的分析后,知道原来火星的土壤中含有大量的氧化铁。

在火星的表面没有水,岩石和土壤中又含有铁的成分,加上长期受太阳紫外线的照射,铁就生成了一层红色和黄色的氧化物,于是,火星就像一个生了锈的铁球,在我们看来它就是红色的啦!

真的有火星宝宝吗?

　　人们前些年观察火星时，会觉得火星与地球的环境很相似，而且有水，也许就会有生命的存在，难道真的有火星宝宝吗?

　　尽管火星大气中含有大量的二氧化碳这种制造温室效应的气体，但是它的温度还是很低。到了晚上，火星的最低温度竟会达到-79℃。

白天火星的大气中也含有呈饱和状态的二氧化碳和水，到了晚上气温一降低，这些二氧化碳和水就开始凝结了！

　　火星上的大气中含有水的成分，水又是生命不可缺少的成分，是不是火星上和地球一样，也有生命的存在呢？火星探测器的多种实验结果表明，火星大气中的水分极少，如果我们把火星上的冰全部融化成水，也只能形成一个10米深的海！除了这些水蒸气外，火星上并没有江河湖海，土壤中也没有植物、动物或微生物的任何痕迹，当然更没有火星宝宝这种高等智慧生命的存在了！

火星为什么忽明忽暗呢?

人们把火星又叫"荧惑",就是因为它有的时候亮有的时候又暗了,它最亮的时候比最亮的恒星天狼星还要亮。

这是因为地球和火星都要在自己轨道上运行,它们有的时候离得近,有的时候离得远,所以我们会看到火星总是忽明忽暗的!

火星上会刮风吗?

火星上有时候也会刮起风,而且每年都要刮起一次特大的风暴,这是只有火星大气中才会有的独特现象。

火星上的风速是地球上的台风风速的三倍。整个火星一年中有四分之一的时间都笼罩在漫天飞舞的风沙之中。

正是因为这些风沙的作用,火星表面到处都是沙丘,还有类似河床的地形,它们主要分布在南半球和赤道附近,科学家们据此得出,在距今大约30亿年前的火星上,也许会有像地球上河流一样流动的现象存在。

火星的两极也是冰雪的天地吗?

根据探测发现,火星的两极都是白色的,气温在冰点以下,在那里覆盖着大量固态的二氧化碳和干冰,当然这里也含有一些水汽凝结成的冰,这就是火星上的极冠。

火星极冠的范围会随着季节的变换出现亮区和暗区。在冬天，气温下降，大气中的二氧化碳开始凝结成冰，极冠增大，反射太阳光的能力就更大，极冠就变亮了！到了夏季，冰雪融化了，极冠的范围缩小，反射光减弱，这个区域也就变暗了！

猜猜看

温室效应是什么呀？

上面说过，火星的大气中含有大量的二氧化碳这种制造温室效应的气体，那什么是温室效应呢？二氧化碳是怎么制造温室效应的呀？

温室效应就是人们常说的"花房效应"，也就是我们像在花房中生活一样，一年四季都是暖暖的感觉。这四季如春的可是很好哟，如果这样的话，那我们就看不到四季的景色，地球上南北极的冰雪也会融化，那海洋的水平面就会上升，我们陆地就有可能被海水淹没，这可是很可怕的事情哟！

形成温室效应的最大凶手就是二氧化碳，因为二氧化碳是吸热性强的气体，太阳的热量被大气中的二氧化碳吸收，然后保存在大气层中，那么这个星球就会越变越暖了哟！

矮行星？

木星：太阳系里最惹人注意的巨人

　　在中国的古代，有一颗被叫做岁星的星星，它绕太阳转一圈要12年的时间，但是它是八大行星中的老大哥，在它的上面一天只有9个小时，你知道它是谁吗？对！它就是木星，你知道它到底有多大吗？它的上面是什么样子？那绚丽的云彩和大红斑是怎么回事？带着这些问题，让我们一起走进木星的世界吧！

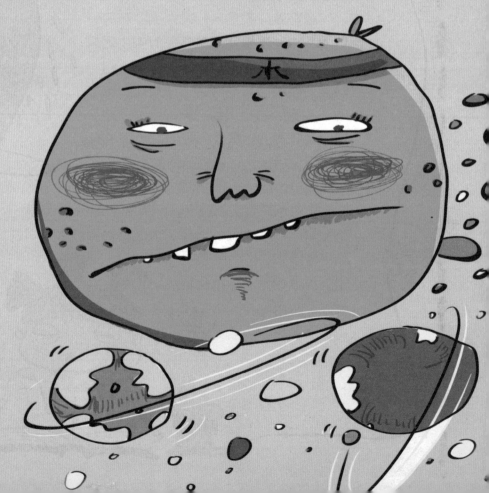

木星有多大?

木星体积和质量都非常的大,整个太阳系中,它的质量最大,相当于其他七颗行星质量加起来的2.5倍,是地球的318倍,可以称得上是八大行星中的巨人!

木星上面什么样子呀?

根据探测,木星可能有一个石质的内核,相当于10～15个地球的质量,它主要由铁和硅组成。木星是一个气态行星,也就是说,它不像类地行星那样有一层坚硬的"壳",它没有实际的表面,我们看到的木星,只是它的大气层的顶端,而不是它的内部。

木星表面有红、褐、白等五彩缤纷的条纹图案,像一道道木纹一样,这是为什么呢?

这是因为木星快速地围绕自己的轴心旋转,使得它表面浓密的大气跟不上它的节奏,自转产生的巨大的离心力把大气分为平行的云带,尤其是在木星赤道附近,这些明暗相间的云带让我们看起来就像是一道道的木纹了!

木星上的红斑是什么?

在木星表面最引人注目、最著名的是位于赤道南侧的大红斑,呈椭圆形。怎么会出现这么大的一个斑记呢?而且这个红斑

有时候颜色鲜红，有时候略带棕色或淡玫瑰色，这个大红斑已经过了好几个世纪了，还没有消失。

　　根据探测发现，木星的表面是流动的，这个大红斑也许就是耸立于高空、嵌在云层中的强大旋风，或是一团激烈上升的气流所形成的。

木星上也有云彩吗？

　　木星上也是有云的，这些木星云绚丽多彩，在探测器拍摄的照片上，可以看到木星大气明暗交错的云带图形。

在它的南极区到北极区可以辨认有云区或云带。它们的颜色、亮度不太相同，褐色云带的云层要深些，温度稍高，大气向下流动；蓝色部分则显然是顶端云层中的宽洞，通过这些空隙，就可看到晴朗的天空。

蓝云的温度最高，红云的温度最低。如果按照平衡状态来说，所有的云彩应该是白色的，只有当化学平衡状态被破坏的时候才会出现不同颜色的云彩，那么是谁破坏了化学平衡呢？科学家们推测，可能是荷电粒子、高能光子、闪电，或是沿垂直方向穿过不同温度区域的快速物质的运动。

木星也有卫星吗？

八大行星中，除了金星、水星没有卫星外，其他的行星都是有卫星的，比如说我们地球，就有一个卫星，它的名字叫月球。

你知道吗，这八大行星中，卫星最多的也就是木星了，根据探测已经发现了围绕它转动的有62颗小行星。其中最最著名的一颗卫星是木卫一，它离木星很近。它的体积并不是很大，密度和大小有些类似月球，呈球状，整个表面光滑而干燥，有开阔的平原、起伏的山脉和长数千千米、宽百余千米的大峡谷，还有许多火山盆地。它的颜色特别的鲜红，比火星还红，也许就是太阳系中最红的天体。

　　木卫三是木星所有卫星中最大的一个卫星，它的体积比水星大，表面呈黄色，可分为盖满冰层的明亮区和冰上堆积着岩质灰尘的黑暗区，并有几处横向错开的断层、线状地形、互相平行的山脊与深沟，科学家们发现，在它上面有还类似于地球上的板块运动呢！

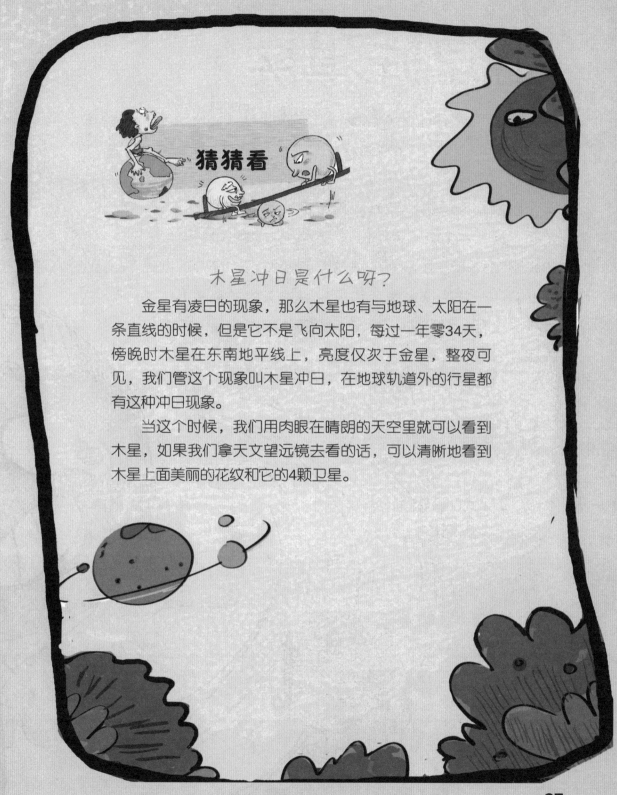

木星冲日是什么呀?

金星有凌日的现象，那么木星也有与地球、太阳在一条直线的时候，但是它不是飞向太阳，每过一年零34天，傍晚时木星在东南地平线上，亮度仅次于金星，整夜可见，我们管这个现象叫木星冲日，在地球轨道外的行星都有这种冲日现象。

当这个时候，我们用肉眼在晴朗的天空里就可以看到木星，如果我们拿天文望远镜去看的话，可以清晰地看到木星上面美丽的花纹和它的4颗卫星。

土星：我其实就是个大气团

在太阳系中有一颗美丽的星星，橘红色的表面，漂浮的彩云，再加上赤道面上那发出柔和光辉的光环，就像一个戴着大大遮阳帽的漂亮女孩子一样！这颗美丽的星星就是离太阳第六远的土星，让我们一起走近这颗美丽的星星去探寻它的秘密吧！

土星长得什么样？

土星的大小仅次于木星，而且它们有很多相似的地方。它的体积是地球的730倍，但是它的质量并没有随体积增长，所以它的平均密度比水还要小，也就是说，如果把土星放在海里的话，它一定会漂浮在海面上哟！

它的内部结构也与木星相似，由岩石构成了内核，核的外面是很厚的冰层和金属氢组成的壳层。它的外层也是一圈圈色彩绚丽的云带，这些彩色的外衣主要是由氢、氦和四烷组成的。

科学家也在它的身上发现了大红斑，那应该就是土星大气中的气流落入云层引起的风暴，而且这个风暴很难停下来呢！

土星也有磁场吗？

土星上也是有磁场的，它的形状就像一头鲸鱼，头部圆钝，尾巴粗壮。

它的磁场的磁轴与自转轴几乎重合，而且在旋转的时候会发出电磁波，未来人们将可以通过它来探测土星的运动！

土星怎么会有光环呀?

　　意大利天文学家伽利略观测到，在土星的球状本体旁有奇怪的附属物，就像一个大圈套在了土星的腰上！

　　这个光环成了天文学家共同关注的对象，1675年意大利天文学家卡西尼，发现了土星光环中间有暗缝，他推测光环应该是由无数的小颗粒构成的。1856年，英国物理学家麦克斯韦从理论上论证了土星环是无数个小卫星在土星赤道面上绕土星旋转的物质系统。

　　我们在观测土星光坏的时候，可以看到5层，有三层比较明显，两层比较暗淡！

你见过土星的极光吗?

在地球上特定的时间,我们可以在两极看到美丽的极光,那是极区的气体被来自太空的高速带电离子撞击,从而产生的可见光,它异常美丽。

在土星上,也有这样的极光,它也是高速带电粒子和土星大气分子相互作用产生的。2004年,"哈勃"太空望远镜和"卡西尼"探测器发现,在太阳风到达土星以后,土星上就会出现更加明亮的极光,光芒的范围却缩小了!

这和地球上的极光不同,土星的极光可以长达几天,持续很长的时间,变化万千,这是由于土星大气的运动造成的。

土星有多少颗卫星？

土星有多少颗卫星呢？如果光环是一些小行星体组成的，那它的身边就会有无数颗卫星了？对呀，到现在为止，确认是小行星的星球有23颗，也就是说，土星有23颗卫星。

这些卫星在不同的轨道上绕着土星运转，和土星一起构成土星系。如果在土星上生活，那晚上就会有好多的月亮照耀着你哟！

科学家们相信，还有更多土星的卫星没有被发现，这些卫星因为反光率低或被光环掩盖而难以被观测到，每当有新的探测器探测土星的时候，都会发现几颗新卫星。

在土星众多卫星中，最令我们感兴趣的是土卫六，它是太阳系中最大的卫星之一，最奇特的地方是它有一层厚厚的"大气层"，密度比地球大气层高60%，土卫六非常寒冷，表面温度约为－150℃。土卫六的这种状态与某一个时期的地球很相似，也许有哪一天，在它的上面就会进化出一些生命力强的生命呢！

在土星这么多的卫星当中，还有一奇特的现象，有三颗卫星挤在了同一个轨道上，它们怎么会这样呢？科学家推测，在很久以前，它们可能是一颗小行星，后来由于土星的作用，把它们撕碎了，所以变成了现在的三颗！

猜猜看

密度是什么？

上面说木星的密度小于水的密度，也就是说木星会在水中漂起来，这是真的吗？

当然了！我们先来解决下什么是密度吧。小朋友可以拿一个小盒子，装满清水，然后称一称有多重，然后把清水倒掉往里面装满果汁，称一称它有多重，是不是不一样了呢？对！你会发现清水要比果汁轻，这就说明果汁的密度比清水小了！

在生活中我们也可以发现，油总是漂在水面上，木头也会漂在水面上，而一块铁却会沉入水中，这就是因为它们的密度不同了，油和木头的密度比水要低，所以会漂着，铁的密度比水大，所以会沉下去。

小朋友，木星的密度比水要小，那么你猜猜它会漂在水面上吗？

海王星是个
冰冷的家伙

海王星和天王星像一对孪生兄弟一样，但是它们有很多的不同，而且人们总把海王星叫做"笔尖上的行星"，你知道这是为什么吗？海王星长得什么样子？它有没有美丽的光环呢？它是不是离太阳最远的行星呢？带着你的小疑问，让我们去探索那可爱的蓝色海王星吧！

为什么是笔尖上的行星？

在天王星发现不久，人们在天王星之外又发现了离太阳第八远的海王星，我们用肉眼根本看不到它，只能借助天文望远镜来观察。它有一个奇怪的名字叫做"笔尖"上的行星，这是为什么呢？它很小吗？

海王星和天王星差不多大，而且质量比天王星还要大，所以绝对不是因为它的小才与笔尖有联系的。

那是为什么呢？最初伽利略观测并描绘出海王星，但是他却认为那是外星系的一颗恒星，所以就没有在意。但是，科学家发现天王星后，注意到了它的运动轨道的偏离，根据这个偏离，人们计算出可能还有另一颗行星干扰到了天王星的运动。就是因为这个大胆的设想，英国和法国的天文学者

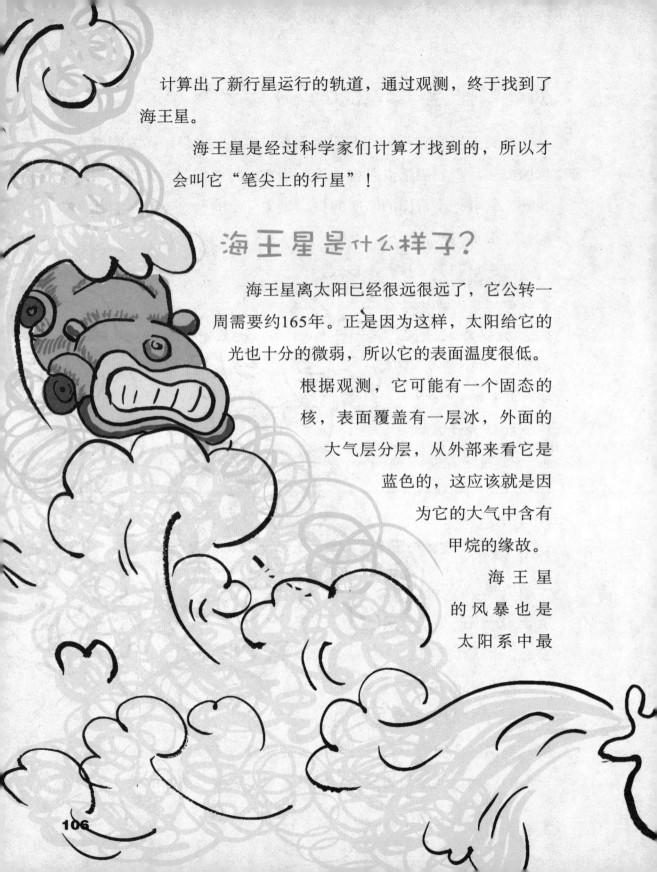

计算出了新行星运行的轨道，通过观测，终于找到了海王星。

海王星是经过科学家们计算才找到的，所以才会叫它"笔尖上的行星"！

海王星是什么样子？

海王星离太阳已经很远很远了，它公转一周需要约165年。正是因为这样，太阳给它的光也十分的微弱，所以它的表面温度很低。

根据观测，它可能有一个固态的核，表面覆盖有一层冰，外面的大气层分层，从外部来看它是蓝色的，这应该就是因为它的大气中含有甲烷的缘故。

海王星的风暴也是太阳系中最

猛烈的，它的风速很吓人，一眨眼间就能把一辆汽车吹得无影无踪。

海王星有没有光环？

这颗蓝色行星也有着一圈暗淡的天蓝色圆环，有5道组成，不过跟土星比起来，那可就相形见绌了！它的这些光环不仅暗淡，而且也不太稳定。

开始人们觉得它的光环并不是一个完整的圆，后来发现它的行星环是由几个比较微弱的环组成的，最外层的环有三段弧，人们分别用自由、平等和博爱来给这三条弧命了名。

按一般规律来说，不可能有弧在圆环运动的轨道内存在，所以人们猜测这三段弧会发生变化，也许再过一个世纪左右，这段弧会消失，与其他的弧手拉手形成一个环把海王星抱住！

海王星上的风暴为什么会比木星强？

木星上的风暴可以达到每小时约100千米，所以科学家们对海王星就做了测试，发现海王星的风暴不但没有减弱反而加强了，达到了木星的16倍。

　　人们觉得行星绕太阳旋转，太阳的能量与行星的能量相互作用才会形成风暴，而且行星离太阳越远，这种风暴的能量就会越小，所以人们就有了疑问，海王星离太阳那么远，为什么风暴强度比木星还要大呢？

　　出现这样反常的现象也许只有一个原因，如果风暴的能量太大，就会产生湍流，这个湍流反而会使风速减慢，但是海王星离太阳太远了，所以太阳的能量对它来说就变得很微弱，所以一旦刮起风来，没有了多少阻碍，风就不会停止，所以风就会一直保持这样的速度了。

　　以海王星的位置来说，它释放的能量比从太阳那得到的还要多，所以这些风暴应该来自于海王星内部的能量趋动。

猜猜看

伽利略是谁？

上面说过，伽利略本来开始发现了海王星，结果他却错过了，把它当恒星了，那么伽利略是谁呀？

这个人小朋友可要认识哟，他是意大利著名的物理学家、天文学家和哲学家，在科学领域中的很多发现都离不开伽利略。

他发明了望远境，用它来观察宇宙，让人类看到了更远的世界；他发现了摆的运动规律；他告诉人们什么是重力，什么是加速度……在力学、天文学、热学和哲学等方面都有很大贡献。小朋友如果对科学感兴趣，以后会在很多地方碰到他的，一定要记住这个人哟！

可怜的冥王星 被抛弃了

在前几年，人们提到太阳系的时候，还会说到九大行星，可是，现在为什么只剩下八颗了呢？那个可怜的冥王星去哪儿了？为什么被太阳系开除了呢？是因为它太小？还是因为它长得不好看？你想知道那个被抛弃的冥王星长什么样子吗？它又有什么样的秘密呢？不要着急，我们一起去揭开它的神秘外衣吧！

冥王星是怎么被发现的？

冥王星离我们很远，它的亮度只能勉强地算15等，即使用天文望远镜拍摄的照片上，它和那遥远星空中的普通恒星也没有什么差别，所以在几十万颗星星中找到它是非常困难的一件事情！

但是在1930年，由于一个幸运的巧合，那个遥远的冥王星被发现了。科学家通过对天王星与海王星的运行研究，计算表明在海王星后应该还有一颗行星。实际上这次计算是错误的，但是却因为这个错误，天文学家通过观测，才意外地找到了它！而且还把它当成了太阳系的第九大行星！

它比海王星离太阳更近吗？

人们发现冥王星之后，对它进行了观察，在一段时间内人们发现冥王星比海王星更靠近太阳，这是为什么呢？

冥王星轨道的偏心率、轨道面对黄道面（地球围绕太阳公转的轨道)的倾角都比其他行星大，而且冥王星在近日点附近时比海王星离太阳还近，这时海王星反而变成了离太阳最远的行星。

　　每隔一段时间，冥王星和海王星会彼此接近，在黄道投影图上两颗行星的轨道交叉。但是也不要担心它们会撞到一起哟，因为它们的轨道没有在一个平面上，就像是在立交桥上的汽车一样，虽然会交叉，但绝对不会撞到一起呀！

冥王星有多大？

　　因为冥王星距离我们太远了，至今为止，它是唯一一颗没有人类飞行器接近的行星，所以它的大小一直无法确定，起初它的半径估计有6 600千米，后来又觉得它的直径只有2 274千米，那么冥王星的直径、质量是行星中最小的。

人们在发现土星时就觉得它是离太阳最远的行星了，可是后来又发现了天王星、海王星和冥王星，不知道以后会不会还发现其他的行星，所以人们对宇宙的探索不会停止，会不断地给我们带来新的消息。

冥王星被抛弃了？

最近几年，出现了一个惊人的消息，冥王星被太阳系丢掉了，本来的九大行星变成了八大行星，给冥王星降了级，变成了一颗矮行星，它是犯了什么错呀？

2006年8月24日，国际天文学联合会通过决议，要想列入行星的"星籍"就要符合做为行星的条件。它指的是围绕太阳运转、自身引力足以克服其刚体力而使天体呈圆球状，并且能够清除其轨道附近其他物体的天体。

按照这个新定义，太阳系行星将包括水星、金星、地球、火星、木星、土星、天王星和海王星。另外一些虽具有足够质量、呈圆球形，但不能清除其轨道附近其他物体的天体被称为"矮行星"。

在1900年，科学家发现冥王星的运行轨道与海王星出现交点，所以，把冥王星降级为"矮行星"，并让它成为这个新类别

的代表。

　　齐娜和谷神星也因为这个原因，被归入新的类别，成为"矮行星"中的一员。至于那些围绕太阳运转，但不符合上述条件的物体就被统一叫做"太阳系小天体"，包括小行星、彗星和其他天然卫星。

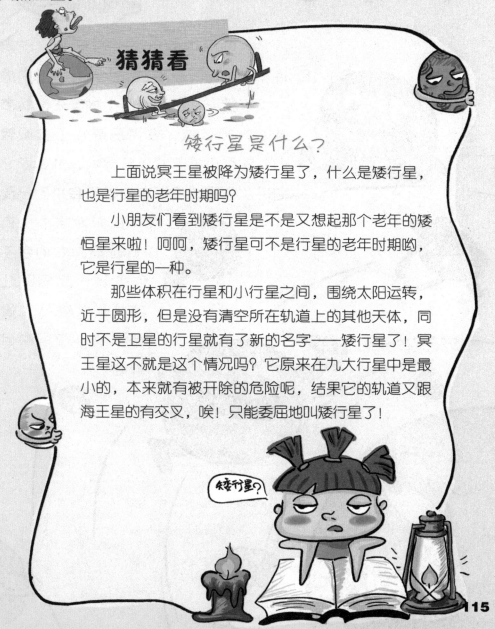

猜猜看

矮行星是什么？

　　上面说冥王星被降为矮行星了，什么是矮行星，也是行星的老年时期吗？

　　小朋友们看到矮行星是不是又想起那个老年的矮恒星来啦！呵呵，矮行星可不是行星的老年时期哟，它是行星的一种。

　　那些体积在行星和小行星之间，围绕太阳运转，近于圆形，但是没有清空所在轨道上的其他天体，同时不是卫星的行星就有了新的名字——矮行星了！冥王星这不就是这个情况吗？它原来在九大行星中是最小的，本来就有被开除的危险呢，结果它的轨道又跟海王星的有交叉，唉！只能委屈地叫矮行星了！

矮行星？

小行星是从哪儿来的呢?

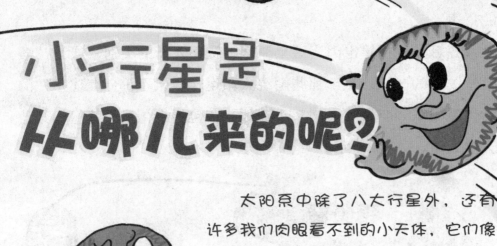

太阳系中除了八大行星外,还有许多我们肉眼看不到的小天体,它们像八大行星一样也沿着一个椭圆形的轨道绕着太阳公转,它们是那么小,但我们并不能小看这些小行星哟,你知道它们是从哪来的吗?它们会不会挤到一起去呀?我们地球边上有小行星吗?它们会不会撞到一起呢?让我们张大眼睛,看看这个小行星的世界吧!

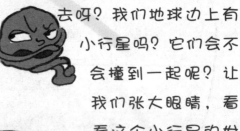

小行星有多大？

太阳系内类似行星环绕太阳运动，但是体积质量比行星小得多的天体，我们叫它们小行星。到现在为止，人们已经在太阳系中一共发现了约70万颗小行星，但是这也只能算是它们众多兄弟姐妹中极小的一部分哟！

小行星不像八大行星那样有一个圆球状的身体，它们形状很不规则，表面粗糙，质地很松，就像一个个奇形怪状的大石头一样，它们只有极少数的直径大于100千米。

到20世纪90年代，人们一直认为最大的小行星是谷神星，不过2000年发现了伐楼拿星，它的直径为900千米，比谷神星还要大。但是，大型的小行星还要经过新定义的划分，结果它被分入了矮行星的阵营。

到现在为止，发现的最小的小行星直径还不足1000米，有的也就像鹅卵石一样大。

小行星是怎么形成的？

在最开始的时候，天文学家认为小行星就是火星和木星之间的行星破裂才会出现的，但是又发现那些小行星带的小行星的质量比月球还要小，人们发现那也许是太阳系形成时没有形成行星的碎块。

就像木星，在太阳形成的时候，它的质量最大了，所以对外界的干扰也就最大，在它的附近区域的小行星带里的小行星形

成不了大的行星，因为它们不断地受到了木星的干扰，不断地碰撞、破碎，形成新的小行星而形成不了行星。

小行星是一块完整的石头吗？

人们在观测之初，看到小行星后，觉得它应该是一整块完整的单一的石头。但是，后来人们发现，小行星的密度要比石头低，它们表面上有撞击留下的环形山，而且从这山上可以看出它的结构是松散的，确切地说，它们更像一个巨大的碎石堆。

它们这样的结构，让它们在受到撞击时不会被撞碎，而且它的自转速度很慢，当然，如果快的话，可能就会因为它自身的离心力而让自己解体！

科学家认为，直径大于200米的小行星都是一个碎石堆！

小行星会撞地球吗?

靠近地球的小行星,也就是轨道与地球轨道相交的小行星,到现在为止,已经知道直径4千米的有数百个,直径大于1千米的有成千上万个。

在我们的地球周围,有这么多的小行星,因为木星的引力而改变自己的轨道,加上地球自己也有引力作用,它们极有可能向地球撞来。人们一直认为,侏罗纪时期地球的主人恐龙之所以会离奇灭绝,就是因为一颗小行星撞击了地球。

面对这么多不安分的小行星,人们采取了密切的监视与追踪,但还是有小行星成为漏网之鱼。

2002年6月6日,一颗直径约10米的小行星撞击地中海。这个小行星在大气层中爆炸燃烧,释放出了大约相当于2.6万吨炸药的能量,相当于一个中型核武器爆炸释放的能量。

怎么防止小行星撞地球？

面对小行星的威胁，天文专家严密监控，目前列入危险名单的有700多个，当然在撞击即将到来时，天文专家也想出了相应的办法，总地来说，就是改变小行星的轨道。

第一，发射人造天体到太空去，把它调到和小行星平行的位置，然后在它们相对速度为零的时候，用机械的力量把小行星推一下，改变它的轨道。

第二，给小行星安上"太阳帆"或者大型火箭推动器，把小行星从地球轨道上推开。

第三，改变小行星的颜色。如果原来它是灰色的，那么就把它变成纯黑的，这样，它吸收太阳的能量少了，轨道应该也会有变化。

第四，利用导弹或者核装置去撞击小行星，最好是一分为二，质量变了，轨道也就发生了变化。

猜猜看

侏罗纪是什么时期？

上面说侏罗纪时地球的主人恐龙离奇地灭绝了，侏罗纪是一个什么时期呢？

小朋友，如果你喜欢恐龙的话那就要知道这个时期，那些庞然大物就生活在这个时期。实际上，侏罗纪是一个地质时代，当时没有任何文字记载，而是人们在考古时对地层的一些岩石测算而得出的名称。

这个时期，恐龙是陆地的统治者，翼龙类和鸟类开始出现，哺乳动物也刚刚开始发展。而植物也是以裸子类（原始的种子植物）的为主，比如现在很珍贵的银杏树，在当时可是漫地都是哟！

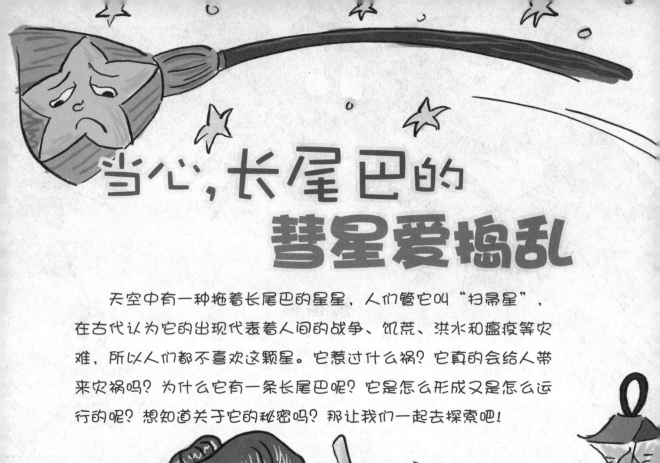

当心，长尾巴的 彗星爱捣乱

天空中有一种拖着长尾巴的星星，人们管它叫"扫帚星"，在古代认为它的出现代表着人间的战争、饥荒、洪水和瘟疫等灾难，所以人们都不喜欢这颗星。它惹过什么祸？它真的会给人带来灾祸吗？为什么它有一条长尾巴呢？它是怎么形成又是怎么运行的呢？想知道关于它的秘密吗？那让我们一起去探索吧！

谁是"扫帚星"?

拖着一条长长尾巴的奇特的外貌，似乎没有运动规律的运行路线，一出现就会出现一些"世界末日"、"宇宙威胁"、战争和灾难等不吉利的事情，人们觉得它可能是上天对地球发出的信号，人们赞颂太阳、月亮和星星的时候，把同是作为天体的它当成了厄运的征兆，这个天体就是人们嘴里说的"扫帚星"，它的名字叫"彗星"。

它不同于其他天体，它的身体包括彗头、彗发和彗尾三个部分，但它的确是太阳系的成员之一，也是星体的一种！

彗星是怎么组成的?

在远离太阳的寒冷区域，有无数冰冷的固体物质，当这些物质慢慢地运动靠近太阳时，那些冰物质就会融化蒸发，这样就形成了彗星！

彗星的彗头，也就是彗核部分，它是彗星的中心。一般认为，慧头是固体的，由石块、铁、尘埃以及氨、甲烷和冰块等物质构成。

我们所看到的彗星是看到了它的彗发和彗尾。它的彗发是包裹着彗核的那一层气体和尘埃组成的星球一样的雾状物，像地球的大气层一样，但是这些气体是不停地向外流动而形成彗云。我们会看到彗星大大的雾状头。当然，也有的彗星没有彗云。

彗尾就是彗星那条长长的尾巴，有的由一些元素离子组成，有的由一些尘埃组成，它受到太阳照射反出光，就像一个大大的光带，非常美！

彗星是冰做的吗？

至于彗星到底是什么做的，我们不能直接观测，因为我们看不到它的彗发。但是，我们可以通过它的彗尾来进行猜测。

它的彗头中应该有各种冰和硅酸盐粒子，它的彗核很松散，有些像"脏雪球"一样，每立方厘米大约是0.1克。

当冰受热蒸发时它们遗留下松散的岩石物质，所含单个粒子其大小在104厘米到105厘米之间。当地球穿过彗星的轨道时，我们将观察到这些粒子，它们可能是聚集形成了太阳和行星的星云中物质的一部分，所以如果能获得一块彗星物质的样本的话，那么关于太阳系的起源也就知道了！

彗星有多大呀?

大一点儿的彗星的彗头直径有185万千米,相当于地球直径的145倍,小一点儿的彗星的彗头的直径也有13万千米,也是地球直径的10倍多。如果再加上它的彗发和彗尾呢？可以说,太阳系中彗星所占的空间的体积最大。

彗星的平均密度很小,只是一团很稀薄的气体,我们如果"捉"住彗星,把它捏紧,压缩成一个与地壳相同密度的圆球时,它也就有小山丘那么大!

为什么彗星神出鬼没呢?

彗星的运行轨道有椭圆、抛物线和双曲线三种,它们沿着自己的轨道运行,只有当它们运行离太阳和地球较近的位置时,我们才能看到它。

彗星的运行轨道与行星的椭圆很不相同,它是极扁的椭圆,有些甚至是抛物线或双曲线轨道。

那些定期回到太阳身边沿椭圆形轨道运行的彗星我们叫它周期彗星,比如说著名的哈雷彗星就是每隔大约76年在地球上空出现一次。

还有一些彗星,它们只能与太阳接近一次,然后便一去不复返,就像我们扔出去的东西一样飞走了,我们管它叫非周期彗星,它们可能就不是太阳系的成员了,只是无意间来玩了一圈,然后又走开了!

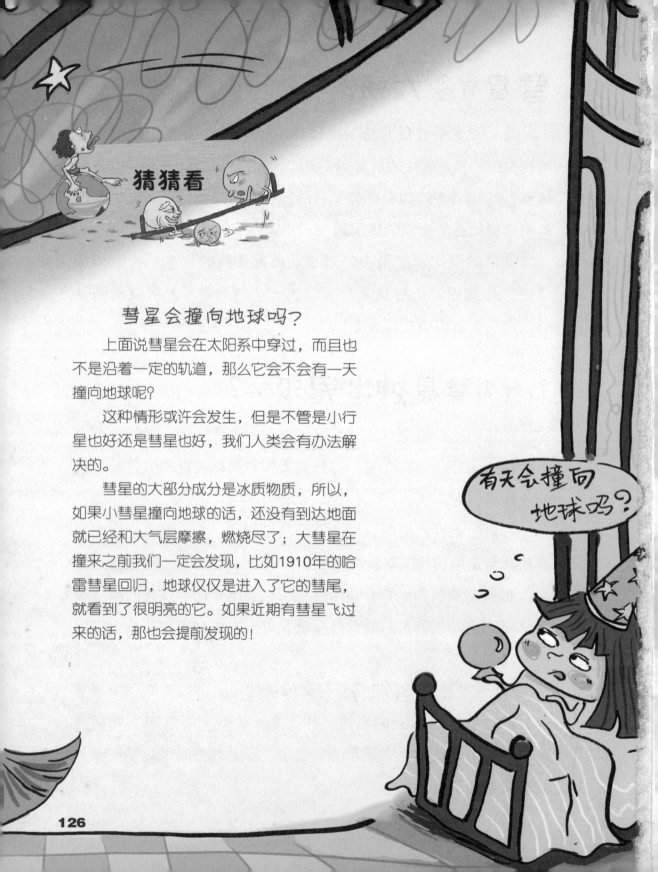

猜猜看

彗星会撞向地球吗？

上面说彗星会在太阳系中穿过，而且也不是沿着一定的轨道，那么它会不会有一天撞向地球呢？

这种情形或许会发生，但是不管是小行星也好还是彗星也好，我们人类会有办法解决的。

彗星的大部分成分是冰质物质，所以，如果小彗星撞向地球的话，还没有到达地面就已经和大气层摩擦，燃烧尽了；大彗星在撞来之前我们一定会发现，比如1910年的哈雷彗星回归，地球仅仅是进入了它的彗尾，就看到了很明亮的它。如果近期有彗星飞过来的话，那也会提前发现的！

小测试

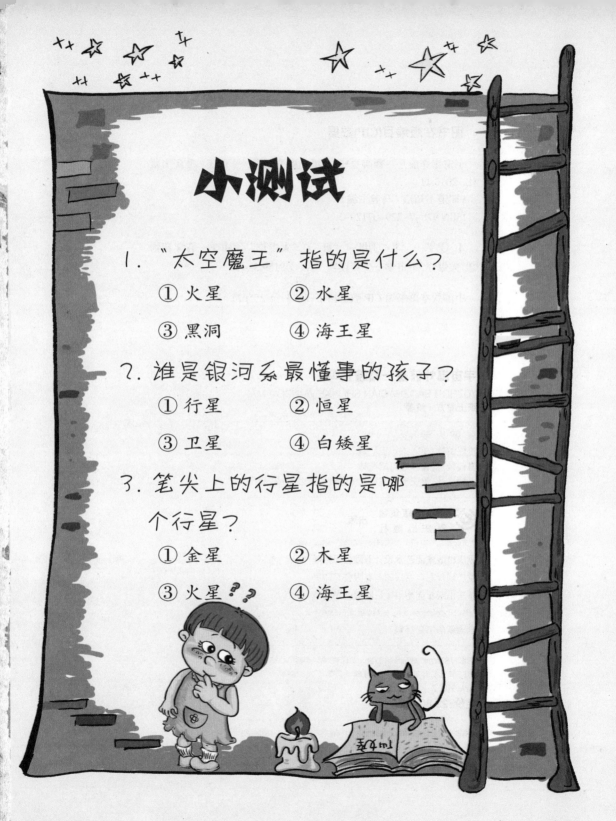

1. "太空魔王"指的是什么？
   ① 火星　　　② 水星
   ③ 黑洞　　　④ 海王星

2. 谁是银河系最懂事的孩子？
   ① 行星　　　② 恒星
   ③ 卫星　　　④ 白矮星

3. 笔尖上的行星指的是哪
   个行星？
   ① 金星　　　② 木星
   ③ 火星　　　④ 海王星

图书在版编目(CIP)数据

宇宙爆炸前是一颗豌豆吗？/纸上魔方编著. —重庆：重庆出版社，2013.11

（知道不知道/马健主编）

ISBN 978-7-229-07129-5

Ⅰ.①宇… Ⅱ.①纸… Ⅲ.①"大爆炸"宇宙学—青年读物②"大爆炸"宇宙学—少年读物 Ⅳ.①P159.3-49

中国版本图书馆 CIP 数据核字(2013)第 255621 号

宇宙爆炸前是一颗豌豆吗？

YUZHOU BAOZHAQIAN SHI YIKE WANDOU MA?

纸上魔方 编著

出 版 人：罗小卫
责任编辑：胡 杰 王 娟
责任校对：曾祥志 胡 林
装帧设计：重庆出版集团艺术设计有限公司·陈永

重庆出版集团
重庆出版社 出版

重庆长江二路 205 号 邮政编码：400016 http://www.cqph.com
重庆出版集团艺术设计有限公司制版
重庆现代彩色书报印务有限公司印刷
重庆出版集团图书发行有限公司发行
E-MAIL:fxchu@cqph.com 邮购电话：023-68809452
全国新华书店经销

开本：787mm×980mm 1/16 印张：8 字数：98.56 千
2013 年 11 月第 1 版 2014 年 4 月第 1 次印刷
ISBN 978-7-229-07129-5
定价：29.80 元

如有印装质量问题,请向本集团图书发行有限公司调换:023-68706683